海と湖の貧栄養化問題

水清ければ魚棲まず……

山本民次・花里孝幸［編著］

地人書館

は じ め に

　戦後の高度経済成長にともない、海外から輸入される肥料や食料に含まれる窒素やリンなどは水域へ排出され、これにともなって湖沼や沿岸の海は富栄養化し、各所でアオコや赤潮が発生した。1971年に環境庁（環境省の前身）が設置され、前年に制定された「水質汚濁防止法」も施行された。これによって、多くの湖沼や東京湾、伊勢湾および大阪湾を含む瀬戸内海の水質保全に対する取り組みが始まった。水質浄化、水質改善のために、下水処理場が各地に設置され、合成洗剤は無リン化され、工場等の排水は厳しくチェックされてきた。

　特に風光明媚と言われる瀬戸内海については、1973年に「瀬戸内海環境保全臨時措置法」が議員立法で成立し、1日当たりの排水量が50トン以上の事業所の設置や変更には許可を必要とするようになり、化学的酸素要求量（COD）の総量規制、リンの削減指導が盛り込まれた。臨時措置法は3年間の時限立法であり、期限切れとなって2年後の1978年に「瀬戸内海環境保全特別措置法」として恒久化された。その後、水質総量規制は第2次、第3次と進むにつれ規制が強化されていった。ついに、1995年からは窒素も削減指導の対象となり、2000年から始まった第5次水質総量規制では、リン・窒素とも、罰則をともなう総量規制となった。

　それらの対策が功を奏し、最近は赤潮の発生が話題になることはほとんどなくなり、透明度の上昇に見られるように、水質は明らかに良好になってきた。その一方で、ノリの色落ち、漁獲量の低下などが見られ、その原因が栄養塩不足にあることを指摘する報告が増えてきた。これが本書の主題「貧栄養化問題」である。

　私（編者の一人山本）は、約10年前の2003年に、瀬戸内海の貧栄養化について論文を発表し、いち早く貧栄養化問題を指摘したところ、国内外から極めて大きな反響を得た。水質汚染・汚濁対策を早くから進めてきたヨーロッパでは、当時すでに貧栄養化の兆候が見られており、日本でも同様の傾向があるこ

はじめに

とに対する共感と賞賛のコメントが寄せられた。その一方で、国内においては、「貧栄養などということはあり得ない」、「漁業不振は過栄養が原因だ」、「埋め立てが最大の原因だ」という極めて強い批判を浴びた。埋め立てが沿岸生態系を悪くしたことは確かであるが、少なくとも瀬戸内海のアサリ生産量の減少とはフェイズが一致しない。この点、わが国の研究者は、その認識不足が対策の遅れにつながったかもしれないことを反省すべきであろう。

その後、2005年からの第6次水質総量規制において、環境省は「大阪湾を除く瀬戸内海での規制強化は見送る」こととし、「窒素やリンも適度であれば漁業にプラスであり、澄んだ海と魚の豊富な海は必ずしも両立しない」ことを共通の認識とした。このことは私が予想する以上に素早い対応であった。これと同時に、水・大気環境局閉鎖性海域対策室主導で、「今後の閉鎖性海域対策に関する懇談会」が設けられ、2007年3月に「今後の閉鎖性海域対策を検討する上での論点整理」をまとめた。さらに続いて、「閉鎖性海域中長期ビジョン策定に係る懇談会」が設けられ、2010年3月に「閉鎖性海域中長期ビジョン」をまとめた。私は幸いなことに、これら二つの懇談会のメンバーとして参加させていただき、「貧栄養化問題」について意見を述べる機会を与えていただいた。国の水環境施策に関われたことは大きな喜びである。

本書のきっかけは、編者である私と花里が、環境省の上記とは別の会議「水質環境基準等検討委員会」で2006年に出会い、山本は瀬戸内海、花里は諏訪湖で生じた事例の情報交換から始まった。同会議はわが国の水域の環境基準について広く議論する場であるが、当時の議事録をひもといてみると、同委員会の中で「貧栄養化」とそれにともなう生態系の変化や漁業生産の不振について懸念する意見を述べていたのは、我々二人だけであった。大勢は、以前と同様に水質の浄化の推進であり、「貧栄養化」に関する全体の認識は低かった。このような中で、お互い、湖沼と海で同じ現象「貧栄養化」が起こっていることに驚いた。

ぜひ一度、湖沼と海の共通した問題である「貧栄養化」について、公開の場で意見交換したいとの思いから、水産海洋学会シンポジウム「水域の貧栄養化にともなう低次～高次栄養段階生態系の応答」（2014年3月）の開催にこぎ着けた。諏訪湖、瀬戸内海とも水質汚濁防止法成立以降、40年にもわたるデー

タの蓄積がある。それらに加え、播磨灘でのノリ養殖や周防灘でのアサリ漁業の惨状、また海外でも、北海沿岸においてカレイ類の漁獲低迷といった類似の現象が起こっていることなどが報告された。2003年に貧栄養化に関する論文を世に出して以来10年が経ち、同様の観測結果を一堂に会して議論することで、私の指摘は間違いではなかったことに確信を得た。その後、陸水では、諏訪湖以上に観測データが多い琵琶湖でも、同じ問題が指摘されていることがわかった。

　流入負荷削減と湖沼・海域の貧栄養化の関係は、栄養塩レベル、透明度、ノリの生育不良などでは明瞭であり、総漁獲量の点ではやはり貧栄養化が漁業不振につながっていると言えるが、一方で一部の魚種では個体数が増えているという報告もあり、生態系内での食う―食われるという物質とエネルギーの流れが複雑であるという新たな認識も得られた。だからこそ、「貧栄養化問題」の背後にあるプロセスとメカニズムを浮き彫りにしたいという思いにかられた。

　本書は、これまでの水質浄化の取り組み、長年にわたって蓄積された水質データ、生態系の変化など、十分なデータに基づき、一線級の研究者が、この難問に取り組んだ大きな成果である。今後とるべき対策はおのずと見えてくるに違いないと信ずる。

　第1章は諏訪湖、第2章は琵琶湖と、陸水からの報告、第3章では瀬戸内海の貧栄養化とメカニズムの解釈、第4章では瀬戸内海東部の播磨灘の漁業生産の変遷についての詳細な報告を、そして第5章では、水質改善とともに分布が拡大したアマモ場の変遷から、貧栄養化を読み解くカギとなる「ヒステリシス」について詳述する。そして、第6章では海外からの報告として北海沿岸の貧栄養化の事例を、第7章では富栄養化から貧栄養化に至るまで漁業の現場で何が起きていたのかを、漁業者の立場から時代を追って紹介してもらった。また、適時挿入したコラムでは、琵琶湖の植物プランクトン相の変化や、データの少ない動物プランクトンについての調査結果を紹介する。

　これまで、「きれいな海」「きれいな湖」を合い言葉に、官民挙げて対策がとられてきたが、資源の少ないわが国で、水質という環境問題と、漁業生産という食料問題のバランスを考えれば、もうこれ以上、同じ対策を続けるのはやめるべきだろう。水の「きれいさ」だけではなく、生態系の「豊かさ」を取り戻

はじめに

すための対策に、方向転換をすべき時に来ている。本書は、国および自治体において水質保全対策に取り組む行政担当者や、環境学を専攻する大学院生・学部生にぜひ読んでいただき、「貧栄養化問題」を知っていただくとともに、今後の水域保全対策の一助となれば幸いである。

なお、我々の執筆・編集活動がスムースに進んだのは、本書の出版社、地人書館の塩坂比奈子さんのおかげである。様々な日常業務により、執筆作業が中断することもしばしばであったが、原稿の内容をすみずみまで把握したうえでの時宜を得たコメントには、いつも驚かされた。なぜそんなに内容まで踏み込んだコメントができるのか不思議であったが、お聞きしたところ、花里先生が教壇に立たれている信州大学の卒業生ということである。なるほどである。そういう意味では、最後まで自分のことのように情熱をもってサポートいただけたことはありがたい。末筆ながら、厚くお礼申し上げる。

平成 27 年元旦

山 本 民 次

目　次

はじめに　　山本民次　iii

第1章　諏訪湖の「富栄養化問題」と「貧栄養化問題」　　花里孝幸

1.1　富栄養化し、アオコが大量発生　1
1.2　水質浄化の取り組みとその効果　4
1.3　アオコとユスリカの大発生がなくなった　6
1.4　水質浄化に伴う漁獲量の低下　9
　　1.4.1　水質浄化が魚の餌不足を招く　9
　　1.4.2　レジームシフトが水質と漁獲量の関係を見誤らせる　11
1.5　富栄養度の指標としての漁獲量　12
1.6　ヒシの大繁茂による新たな問題　14
　　1.6.1　迷惑水草ヒシの大繁茂　14
　　1.6.2　水質浄化のみでなく底質改善へ　16
1.7　動物プランクトンの変化　19
　　1.7.1　ワカサギの減少が大型動物プランクトンを増加させた　19
　　1.7.2　カブトミジンコの出現　22
1.8　諏訪湖の貧栄養化問題　24
　　1.8.1　富栄養化しても貧栄養化しても問題は生じる　24
　　1.8.2　湖にどういう生態系を望むのか？　26

第2章　琵琶湖の水質変化と漁獲量の変動　　大久保卓也

2.1　琵琶湖の概況　29
2.2　琵琶湖の水質変化　31
2.3　琵琶湖に流入する汚濁負荷量の変化　35
2.4　漁獲量の減少とその原因　40
2.5　漁獲量変動と環境要因の関係の統計解析　44

2.6 まとめ 48

COLUMN 琵琶湖におけるプランクトンの長期変動　　一瀬　諭　50

第3章　瀬戸内海の貧栄養化
　　――その原因、プロセス、メカニズム　　山本民次

3.1 はじめに 55
3.2 富栄養化と貧栄養化 58
3.3 瀬戸内海における透明度と赤潮発生件数の推移 59
3.4 流入負荷量の増減と生態系のヒステリシス応答 63
3.5 物質の負荷と分布の空間的偏り 69
3.6 ストックとフロー 72
3.7 無機栄養塩の減少 76
3.8 物質収支の計算 79
3.9 ロトカ・ボルテラモデルによる考察 82
3.10 底泥の劣化 84
3.11 おわりに 85

COLUMN　貧栄養化で瀬戸内海の動物プランクトン現存量は変化したか？
　　　　　　　　　　　　　　　　　　　　　　　　樽谷賢治　88

第4章　瀬戸内海東部の貧栄養化と漁業生産　　反田　實

4.1 はじめに 91
4.2 播磨灘の漁場環境 93
　4.2.1 播磨灘の概要 93
　4.2.2 透明度について 93
　4.2.3 栄養塩環境 95
　4.2.4 陸域負荷と海域のDIN濃度 99
4.3 ノリ養殖の現状 101
4.4 漁船漁業の現状 103
4.5 漁獲量と栄養塩（DIN）の変動 108
　4.5.1 小型底びき網の漁獲量とDIN濃度 108

4.5.2　イカナゴ漁獲量とDIN濃度　110
　4.6　播磨灘の漁獲量の減少要因を考える　112
　　　4.6.1　獲りすぎ（乱獲）？　112
　　　4.6.2　干潟、浅場、藻場の減少？　113
　　　4.6.3　貧酸素水塊や赤潮が原因？　115
　　　4.6.4　高水温化は？　116
　　　4.6.5　貧栄養化は？　116
　4.7　富栄養化進行期と貧栄養化進行期における漁業生産　117
　　　4.7.1　漁獲物組成の変化　117
　　　4.7.2　富栄養化と漁業生産　120
　4.8　国や県レベルでも動き始めた貧栄養化対策　123
　4.9　おわりに　125

第5章　瀬戸内海におけるアマモ場の変化
——生態系構造のヒステリシス

堀　正和・樽谷賢治

　5.1　はじめに　129
　5.2　沿岸域におけるヒステリシス—漂泳生態系と底生生態系の関係　130
　　　BOX　用語解説
　　　　　　—ヒステリシス、カタストロフィックシフト、レジームシフト　131
　5.3　藻場の変遷　134
　　　5.3.1　藻場面積の現状把握　134
　　　5.3.2　アマモ場の調整サービス　137
　　　5.3.3　アマモ場に関連した漁業生産の変化　141
　　　5.3.4　アマモ場の文化サービスの変化　142
　5.4　おわりに—「豊かな海」の生態系構造を考える　144

第6章　北海沿岸における貧栄養化と水産資源変動

児玉真史

　6.1　欧州における栄養塩負荷管理　149
　6.2　北海南東部の栄養塩環境の変遷　151

6.3　北海南東部におけるプレイス資源変動　156
6.4　おわりに　159

第7章　栄養環境の変遷と水産覚え書き　鷲尾圭司

7.1　はじめに　161
7.2　明石の経験から　162
 7.2.1　1980年代から90年代における明石のノリ養殖の変遷　163
 7.2.2　イカナゴのくぎ煮の全国展開　164
 7.2.3　明石漁業者の富栄養化への対応のまとめ　165
 7.2.4　2000年以降の明石の漁業事情　166
7.3　ノリ養殖漁業の苦労　167
 7.3.1　ノリの色落ちとその背景　167
 7.3.2　ノリ養殖の技術的側面から見た色落ち　173
 7.3.3　地球温暖化の影響　174
 7.3.4　限界を迎えた資本集約型の生産体制　175
7.4　海底のヘドロと底生生物　176
 7.4.1　ヘドロの堆積と貧酸素水塊の形成　176
 7.4.2　2000年以降、ヘドロが減少　179
7.5　湖沼の栄養循環と生態農業の考え方　180
 7.5.1　生態農業とは何か　180
 7.5.2　湖沼やため池を組み入れた日本の生態農業　181
 7.5.3　今後の湖沼やため池の管理に必要な視点　182
7.6　貧栄養環境における漁業のあり方　183
7.7　おわりに　185

おわりに　　**山本民次**　187

事項索引　189
生物名索引　193
執筆者一覧　195

第1章

諏訪湖の「富栄養化問題」と「貧栄養化問題」

花里孝幸

1.1 富栄養化し、アオコが大量発生

　諏訪湖は、長野県の中央部、標高 759 m に位置する湖で、湖周 15.9 km、湖面積 13.3 km^2 と長野県最大の湖（全国では 22 番目）である。昔から漁業という生業の場として、また水泳やスケート遊びの場として、人々の生活を支えてきた。その湖で、1960 年代に大量のアオコが発生するようになった。アオコからはカビ臭が漂い、水泳などできる状態ではなくなった。

　ちなみに、アオコ（青粉）とは生物名ではなく、主にミクロキスティス（*Microcystis*）という藍藻類（植物プランクトン）が大量発生し、湖面が青い（緑の）粉をまいたようになる現象をさした言葉である（図 1-1、カバーの後ろそでも参照）。「水の華」、「ブルーム」、「赤潮」と同様の現象である。多くのプランクトンは水より重いため、風による撹拌がなければ水中を漂いながら次第に沈んでいくが、アオコをつくる藍藻類は例外で、細胞の中に気泡があり、水面に浮く。また、紫外線に高い耐性を持ち、大量の栄養塩を取り込みながら光合成をして、湖面で増殖する。

　アオコの発生は富栄養化の象徴と言えるが、これは諏訪湖だけで起きたわけではなく、ほぼ同時期に、国内の多くの湖で同じ現象が見られるようになった。そのため湖の水質汚濁、すなわち富栄養化が全国的に大きな環境問題となったのである。ただし、その中でも特に諏訪湖の水質汚濁はひどく、全国の湖の水質の比較で、毎年ワーストランキングの 10 位以内を維持していた。

第1章 諏訪湖の「富栄養化問題」と「貧栄養化問題」

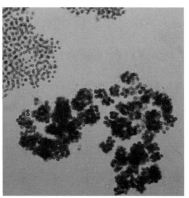

図 1-1　左：アオコが発生した状態
　　　　右：アオコをつくる藍藻類ミクロキスティス（*Microcystis*）、写真提供：朴虎東

　なぜ、諏訪湖で水質汚濁がそれほど進んだのか。家庭や事業所から大量の排水が湖に流れ込んだことはもちろんであるが、それだけが理由ではなく、諏訪湖の地形と周囲の環境条件が強く関わったと考えられる。まず、諏訪湖は平均水深が約 4 m、最大水深が 6.5 m ほどの浅い湖だということである。水質汚濁の一番簡単な指標として透明度があるが、日本で最も透明度が高い湖は北海道の摩周湖で、透明度は 25 m ほどもある。そしてこの摩周湖の最大水深は 211.5 m もある（倉田，1990）。そのほかにも、支笏湖、十和田湖、本栖湖などが 10 m を超える高い透明度を持つが、いずれも最大水深が 100 m を超える深い湖である。一方、汚れた湖の代表である手賀沼、印旛沼、霞ヶ浦などの最大水深は 10 m 未満である（印旛沼環境基金，1998）。

　湖水は冬に最も冷たくなり、春から夏にかけて太陽によって温められるが、温められるのは表層の水だけである。温められて密度が小さく軽くなった水は表面にとどまり、さらに太陽に温められる。一方、湖の深いところの冷たい水は、いつまでたっても温められることはない。湖水はしばしば風によって撹拌されるが、ぜいぜい 5〜10 m 程度の深さまでしか水は動かず、表面近くの水と深いところの水は、夏の間は混ざることがない。このように湖水が層に分かれることを「成層」と呼ぶが、最大水深が 10 m に満たない浅い湖では、この成層が起こりにくい。

　湖は流れる川と異なり、水がよどんだ所なので、湖に流れ込んだ水質汚濁の

原因物質である有機物も湖にとどまり、湖底に沈む。すると、成層している深い湖では有機物は湖底にとどまったままだが、浅い湖では、湖底に溜まった有機物、または有機物から溶出した栄養塩が、風によって太陽光が射し込む表層に容易に運ばれる。有機物から溶け出した栄養塩のうち、中でも窒素とリンは植物プランクトンの「肥料」と言えるので、表層に肥料を送り込んだことになる。つまり、表層でのアオコの発生を助長する（**図 1-2**）。

さらに諏訪湖は、湖面積の 40 倍という広い集水域を持っている（**図 1-3**）。

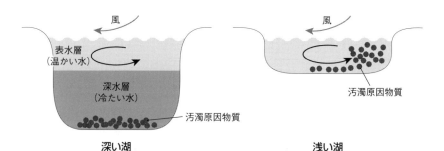

図 1-2　深い湖と浅い湖における風と水の動き
出典：花里（2012）

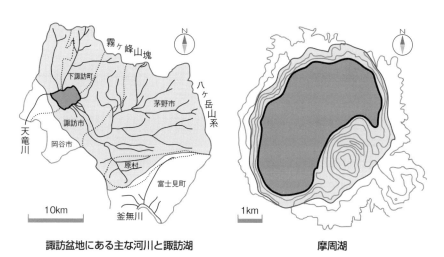

図 1-3　諏訪湖と摩周湖の集水域の比較
濃いグレーの部分が湖面、その周りの薄いグレーの部分が集水域。摩周湖の外の線は等高線。
出典：花里（2012）

第1章　諏訪湖の「富栄養化問題」と「貧栄養化問題」

この比率は琵琶湖の10倍近く、摩周湖の25倍も大きい値である。集水域が広いと、それだけ広い地域から汚濁原因物質が諏訪湖に流入することになる。

したがって、諏訪湖は、浅いことに加え、広い集水域を持ち、構造的に汚れやすく富栄養化しやすい湖であると言える。特に高度経済成長期には、その集水域内にあった民家や事業所などから、それまで以上に大量の排水、つまり汚濁原因物質である窒素とリンが諏訪湖に供給された。そして、アオコが大量発生したのである。

1.2　水質浄化の取り組みとその効果

アオコが大量発生するようになって以来、諏訪湖の水質浄化は周辺住民の悲願となった。長野県は、1965年に、大学や研究機関の専門家により構成される「諏訪湖浄化対策研究会」を設置した。そこで水質浄化対策の検討がなされ、諏訪湖周辺における広域下水道の整備が提言された。それを受け、1968年に「諏訪湖流域下水道計画打ち合わせ会」が開かれ、下水道システムの建設が始まった。そして、諏訪市豊田に下水処理場（終末処理場）がつくられ、1979年から稼働を開始した。

豊田の下水処理場では、運び込まれた汚濁水中の有機物の約94％が除去される。その後、処理排水は、湖底に設置した2本の導水管を通して、諏訪湖の

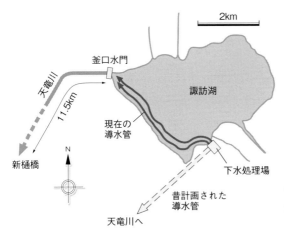

図1-4　諏訪湖畔の豊田にある下水処理場と2本の導水管（系外放流）
出典：花里（2006）

流出河川である天竜川への出口となる釜口水門の近くで放水される（**図 1-4**）。いわゆる系外放流である（この場合、「系」とは諏訪湖のこと）。それをした理由は、当時の下水処理方法は標準活性汚泥法で、この方法では窒素およびリンを十分に除去することができず、処理排水中にはまだ、高濃度の無機

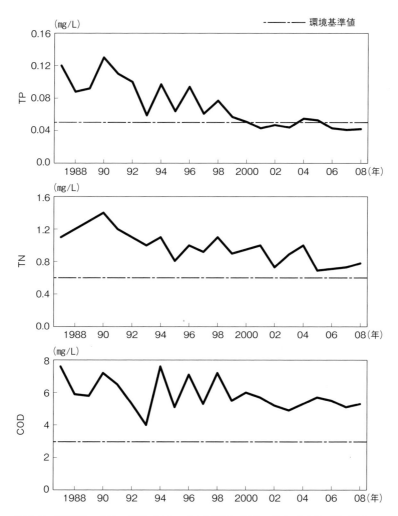

図 1-5　諏訪湖の全リン濃度（上）、全窒素濃度（中）、および COD 値（下）の経年変化
出典：長野県資料より作図

態のリンや窒素が含まれていたからである。この処理排水を諏訪湖に放水すれば、それが湖内の植物プランクトンに吸収されて、アオコの発生を促すことになってしまうと考えたからである。

　また、長野県は同時に下水道普及率の向上に努め、その率は 2006 年に 97％を超えた。さらには下水道への接続率も 97.8％と著しく高くなった（長野県, 2008）。この接続率の高さは、諏訪地域の住民の諏訪湖浄化に対する意識の高さを示していると言えるだろう。これらの対策により、集水域内のほとんどの家庭や事業所からの排水は、諏訪湖に入らなくなった。

　すると、湖水中の全リン（TP）濃度が顕著に低下するようになった。つまり、1978 年には 0.8 mg/L を超えていたのが、2001 年には諏訪湖に課せられた全リン濃度の環境基準値 0.05 mg/L を下回った（**図 1-5 の上**）。一方、全窒素（TN）濃度はリンよりも緩やかながら低下傾向にあり、1980 年前後には 2.0 mg/L を上回ることもあったが、2011 年には 0.77 mg/L となり、環境基準値 0.60 mg/L に大きく近づいた（**図 1-5 の中**）。しかし、全リン濃度や全窒素濃度の低下にもかかわらず、COD（Chemical Oxygen Demand; 化学的酸素要求量）値はそれほど下がっていない（**図 1-5 の下**）。同様な傾向が多くの湖で見られるが、この原因はまだよくわかっていない。

1.3　アオコとユスリカの大発生がなくなった

　下水処理場の稼働からちょうど 20 年目の 1999 年、アオコの発生量が突然大きく減少した。1999 年の全リン濃度は 0.057 mg/L で、ちょうど環境基準値に迫ろうという年であった。

　アオコは夏に発生して湖面を覆うので、湖水の透明度に大きな影響を与える。そのため、透明度の変化を見ると、アオコの発生量の変化を推し量ることができる。**図 1-6** に、1977 年からの諏訪湖における夏（7 〜 9 月）の平均透明度の変動を示す。下水処理場ができる前の 1977 〜 1978 年には 40 cm 程度だった透明度が、稼働後はおよそ 70 cm に上昇した。しかし、その後はほとんど変わらず、アオコの大量発生も続いていた。その間、全リン濃度、全窒素濃度は徐々に低下していたが、夏の平均透明度には大きな変化は見られなかった。

1.3 アオコとユスリカの大発生がなくなった

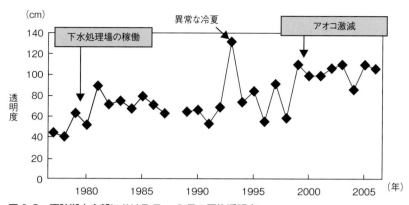

図 1-6　諏訪湖中央部における 7〜9 月の平均透明度
（注）透明度の単位が cm になっているが、数人で記録して記録した平均値を採用している。その際の測定値の各人の違いは概ね 5cm 程度である。
出典：沖野・花里（1997）、花里ほか（2003）、宮原（2007）

　それが 1999 年、アオコが激減し、この夏の平均透明度は 100 cm を超えた。このアオコの発生量が少ない状態は翌年以降も続き、夏の平均透明度もまた 100 cm 前後を維持している（200 cm の透明度が観測されたこともある）。

　また、それとほぼ同時期に、迷惑害虫となっていたユスリカ成虫の発生量が激減した。最初の異変は 1998 年の秋であった。毎年 10 月中旬に見られるアカムシユスリカの大発生がなかったのである。諏訪湖の湖底には、オオユスリカとアカムシユスリカという、幼虫の体長が 15〜20 mm、成虫の体長が 1 cm に達する大型のユスリカ幼虫が生息している（図 1-7）。これらのユスリカの成虫が、年に 4 回大量発生を繰り返していた（オオユスリカが 4、6、8 月頃の 3 回。アカムシユスリカが 10 月頃の 1 回）。その中でも、秋に発生するアカムシユスリカの発生量は多く、湖畔の建物の壁に多くのユスリカ成虫がとまり、白い壁を黒くした。また、外に干した洗濯物にたかって洗濯物を汚し、迷惑害虫として嫌われていた（図 1-8）。

　そのアカムシユスリカの大量発生が、1998 年の秋には見られなかった。気づいた当初は、その年の諏訪の平均気温が高めで、秋の湖水温の低下が遅れたために発生が遅れたと考えていた。しかし、秋が深まっても発生量は増えず、それどころか、翌春 1999 年のオオユスリカの大発生もなかった。そしてその

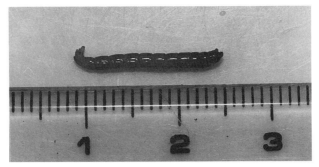

図 1-7 アカムシユスリカの終齢（4 齢）幼虫
撮影：荒河尚

図 1-8 左：大発生し、網戸にとまっているユスリカ成虫。道路の向こうが諏訪湖。
右：壁にとまるユスリカ成虫

後も大発生は見られず、最近では、その存在すら忘れられるようになってきた。

1986 年と 2001 年に実施した諏訪湖の湖内 60 観測点におけるユスリカ類分布調査の結果を比較すると、2001 年のオオユスリカ幼虫は 1986 年の 70 分の 1、

アカムシユスリカ幼虫は130分の1にまで、その現存量を減らしていた。また、両年の湖底表面泥の有機物含量（%）について、その指標となる強熱減量を測定したところ、1986年には14.3 ± 2.5%であったものが2001年には12.0 ± 2.8%となり、統計的にも有意な減少が見られた（Hirabayashi et al., 2003）。このことは、湖水中から湖底に堆積する有機物量が減少していることを物語る。湖底の有機物の多くは湖水中の植物プランクトン由来と考えられることから、湖底の有機物含量の減少は植物プランクトンが減った結果と考えられる。ユスリカ類は幼虫のうちは湖底で暮らし、湖水中を沈降してくる植物プランクトンを餌としている。つまり、諏訪湖でユスリカ類が減った原因は、諏訪湖の水質浄化の取り組みにより、湖水中の栄養塩が減少し、アオコをつくる藍藻類を含む植物プランクトンが減ることで、ユスリカ類の餌が減ったからと考えられる。

　ここで注目すべきことは、湖水中のリンや窒素の濃度は1990年頃をピークに徐々に低下してきたのに、アオコやユスリカの発生量は徐々に減るのではなく、1998〜1999年を境に急に低下した、ということである。これは、様々な生態系で観察されている「生態系のレジームシフト」現象だと考えられる。「生態系のレジームシフト」とは、生態系の状態が突発的に非連続な大きな変化を起こすことを言う（レジームシフトについては、p.131、第5章のBOXを参照）。したがって、湖の水質浄化対策においては、湖水中の栄養塩濃度を下げる努力をすることは当然であるが、生態系のカタストロフィックな変化が生じた場合、それまでとは異なる対策が求められることになろう。

1.4　水質浄化に伴う漁獲量の低下

1.4.1　水質浄化が魚の餌不足を招く

　ここまでは、諏訪湖の浄化の進展とともに変化した生態系について、迷惑生物のアオコとユスリカ類の発生量が激減したことを述べた。これは諏訪湖の環境改善につながり、望ましいことと思われる。ところが、諏訪湖の水質浄化に伴う生態系の変化は、人間にとって必ずしも良いことばかりではない。

　一つはワカサギの減少である。**図 1-9** に、1950 〜 2003 年の諏訪湖におけるワカサギ漁獲量の変遷を示す。これを見ると、1950年代から1970年代まで

第1章 諏訪湖の「富栄養化問題」と「貧栄養化問題」

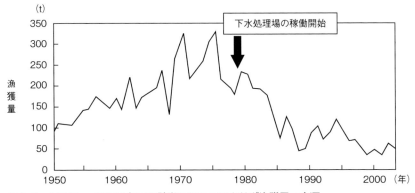

図1-9　1950～2003年の諏訪湖におけるワカサギ漁獲量の変遷
出典：武居（2005）

は年々漁獲量が増えていた。高度成長期であり、多くの栄養塩が諏訪湖に流入していた時期である。ところが、下水処理場がつくられた1979年頃を境に、漁獲量が減少している。

　この減少には、湖の水質浄化が関わっていると考えられる。水質浄化は植物プランクトンを減らす行為である。植物プランクトンは湖沼生態系の食物連鎖の基盤にいる生物であるから、水質浄化が進むと、その食物連鎖に組み込まれている多くの生物は生産量を低下させることになる。諏訪湖ではユスリカ類はワカサギの重要な餌となっており（竹内・沖野，1982）、ユスリカ類が減少したことが、ワカサギ類の成長を悪化させ、漁獲量の減少をもたらしたと考えられる。

　このように述べると、多くの人に不思議がられる。水質浄化の際には、「魚がたくさん棲めるきれいな湖にしましょう」というキャッチフレーズが頻繁に使われてきたからである。生態系における食物連鎖とそれによるエネルギーの流れを考えれば、このキャッチフレーズの誤りは明らかであるが、「昔の諏訪湖は水がきれいで、魚がたくさん捕れた」という話を、年輩の方からよくいただく。これはどういうことなのか。年輩の方々の記憶違いなのか。私はその疑問を解く鍵が、「生態系のレジームシフト」にあると考えている。

1.4.2 レジームシフトが水質と漁獲量の関係を見誤らせる

図 1-10 に、諏訪湖における 1940 ～ 2005 年の間の夏の透明度の推移と、1950 ～ 2005 年のワカサギ漁獲量の変化およびアオコの発生期間を示した。ここで、年輩の方々の言う「昔」を 1950 年代と仮定する。1960 年以前は、長い間およそ 100 cm の透明度が維持されていたが、1960 年頃を境に透明度が急速に低下したことがわかる。これはこの頃からアオコが発生するようになり、水質汚濁が進んだためである。一方、漁獲量は 1950 年代から 1960 年代にかけての間は高い透明度の中で年々増加し、アオコが発生し透明度が低下してからも増加を続け、1979 年をピークに減少に転じており、漁獲量の変化は水質変化には無関係のように思われる。

これを説明できるのが、1999 年とは反対の生態系のレジームシフトであると考える。1950 年代は、高度成長期でありながら排水規制がなく、大量のリンや窒素が諏訪湖に流れ込んでおり、諏訪湖の富栄養化は急速に進んでいた。それは植物プランクトンの増殖を促進し、食物連鎖を介してワカサギの増殖も促した。1960 年代に入り、リンや窒素の濃度がある閾値を超えたとき、アオコが突

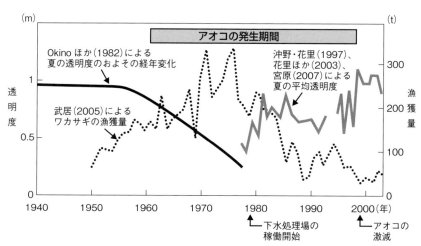

図 1-10　諏訪湖における 1940 ～ 2005 年の間の夏の透明度の推移と、1950 ～ 2005 年のワカサギの漁獲量の変化
出典：Okino（1982）、沖野・花里（1997）、花里ほか（2003）、宮原（2007）、武居（2005）をもとに作図

然大量発生した。つまり、生態系のレジームシフトが起こった。

　ところで、アオコの発生量は、それをつくる藍藻の現存量を表しており、それは必ずしも植物プランクトンの生産量を反映しない。というのは、例えば、富栄養化があまり進んでいない湖では小型の植物プランクトンが優占し、その湖が少し富栄養化すると植物プランクトンが増殖するが、増えた植物プランクトンをミジンコが効率よく食べてしまうため、植物プランクトンの現存量は見かけ上増えないからだ。ところが実際は、植物プランクトンの増加分が食物連鎖を経て魚の現存量を増やす。この場合、湖は富栄養化していないように見え、つまり、植物プランクトンの現存量は少なく、水もきれいで、漁獲量は多い、という状態となる。この後、富栄養化がさらに進むと、植物プランクトンの中に大きな群体をつくるものが出てきて、それらは捕食者に食べられないため、食物連鎖の途中でエネルギーが滞る。つまり、アオコの発生はこれに相当する。

　すなわち、年輩の方々の言う「昔」である1950年代というのは、リンや窒素も植物プランクトンも増加して、ワカサギの漁獲量も増加したが、レジームシフトが起こる前なのでアオコは発生しておらず、湖水はきれいであった。これが、「昔の諏訪湖は水がきれいで、魚がたくさん捕れた」、の答えではないだろうか。

1.5　富栄養度の指標としての漁獲量

　ここで気を付けていただきたいことがある。我々は通常、湖のアオコの発生量や動物プランクトンの量を見て、その生物の多寡を評価している。その量は、その時点に存在していた生物量（生物の現存量）である。

　湖の富栄養化は、アオコをつくる植物プランクトンの生産を促してアオコを発生させる。アオコをつくる藍藻類だけでなく、湖の植物プランクトンの生産量が高まれば、その植物プランクトンと食物連鎖でつながっている動物も生産量を高めるだろう。これらの生物の現存量ではなく、生産量を知ることが、湖の富栄養状態を知るのに重要である。

　ところが、生物の生産量を計るのは簡単ではない。それをするには一定時間（例えば、図 1-11 の時間 a から時間 b）に増えた生物量を調べる必要がある。

1.5 富栄養度の指標としての漁獲量

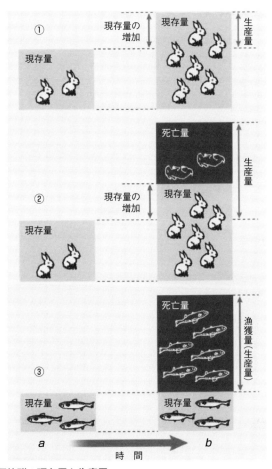

図 1-11　生物個体群の現存量と生産量
①ある生物種個体群の生産量は、一定時間に増加した現存量。
②個体群内で死亡があった場合は、増加した現存量に死亡量を加えたものが生産量となる。
③湖で漁業対象となっている魚の個体群の場合、漁業によって現存量はおよそ一定に保たれており、死亡量がほぼ漁獲量に相当すると考えられ、漁獲量は魚の個体群の生産量に等しくなる。

言い換えれば、生物の生産量はその時間に増加した生物の量である（**図 1-11**①）。ただし、問題は、自然界における生物の生産量を正確に知ることが難しいことである。なぜなら、自然界の生物は増えると同時に、その多くが捕食者に食べられて死んでいるからである。死んだ生物個体は、その死の直前まで生

物生産に寄与していたものなので、その死んだ生物個体の量も計算に含める必要がある。この場合の正しい生産量は、時間 a の生物の現存量と時間 b のときのその生物の現存量の差（現存量の増加分）に、その間の死亡量を加えたものになる（図 1-11 ②）。これを言葉で言うのは簡単だが、実際は、湖内の生物の死亡量を知ることはさらに難しい。

　しかし、漁業活動が行われている湖では、魚の生産量が容易に推定できるのではないかと考えた。諏訪湖の主要魚種のワカサギを例に考えてみる。湖にワカサギが多くいれば、漁業者は活発に漁業活動を行い、それによって湖の中の魚が減る（魚の現存量が減る）。魚の現存量が減れば漁獲効率が低下して、捕獲される魚の量が減り、ある程度の魚が湖内で生き残ることになる。すると、湖の中のワカサギの現存量は、漁業活動に依存してある程度の変動はあるが、毎年およそ一定に維持されていると推定される。そうであるならば、ワカサギの死亡量が、その個体群の生産量にほぼ相当するのではないか（図 1-11 ③）。そして、仔稚魚期を除き、ワカサギの死亡要因のほとんどが漁獲と考えると、漁獲量がワカサギ個体群の生産量をおよそ表すことになると考えてよいだろう。

　この考えが正しいならば、漁獲量の変化は、湖の富栄養度の変化を示す指標になるだろう。この視点から、再びワカサギ漁獲量の変遷（図 1-9）を見れば、富栄養化が進行していた時期は年々漁獲量が高まっており、下水処理場がつくられると漁獲量が減少した。このことは諏訪湖の富栄養化の変化を良く示しているように思われる。

　日本では、ほとんどの湖で漁業活動が行われており、そのために魚の放流をしている。漁業協同組合では、それぞれの湖での漁獲量のデータをとっている。その漁獲量のデータをもとに、それらの湖の富栄養度の変化がわかり、それを湖の環境の管理に利用できるのではないだろうか。

1.6　ヒシの大繁茂による新たな問題

1.6.1　迷惑水草ヒシの大繁茂

　諏訪湖での漁業不振は大きな問題となったが、それ以外にも水質浄化の進展によって別の問題が生じた。それは浮葉植物のヒシの大繁茂である（図

1.6 ヒシの大繁茂による新たな問題

図 1-12　諏訪湖の沿岸域の湖面を広く覆うヒシ

図 1-13
ヒシはロゼット状の葉を湖面に広げる

1-12)。ヒシは、春に湖底にある種子から芽を出し、茎を水面にまで伸ばして葉を広げる(図 1-13)。生育に良い条件が揃うと、ロゼット状の葉を増やし、湖面を覆ってしまう。

　アオコが発生していた1970〜1990年代の諏訪湖では、水草はほとんど見られなかった。しかし、アオコの発生がなくなると、その後3〜4年で、ヒシが湖面の広い範囲で葉を展開するようになった。ヒシが増え始めた当初は、諏訪湖に水草が戻ってきたと歓迎されたが、ヒシは茎が丈夫なので、それが船のスクリューに絡み、船の航行の妨げになった。また、湖面がヒシに覆われる景観

が好まれなくなった。

　ヒシが繁茂するようになった理由は、次のように説明できる。まず、アオコが消え、湖水の透明度が上昇した結果、水深の浅い沿岸域では太陽光が湖底に届くようになった。水草は秋に枯れ、湖底に種子、地下茎、殖芽を残して越冬する。そして、春になると、それらが新しい芽を出して成長を始める。アオコが発生していたときには、浅い沿岸域であっても太陽光は湖底に届かず、水草は成長できなかったが、透明度の上昇により、成長可能となった。しかし、透明度の上昇はほかの水草の成長も促し、ヒシだけが繁茂する理由にはならないので、ヒシが優占する理由は、ほかにもあるかもしれない。

1.6.2　水質浄化のみでなく底質改善へ

　ところで、昔の諏訪湖には多くの水草が繁茂していた。そのことが1911年に調査された記録からわかる（中野，1914）。それによると、水草の分布域は湖面積の26％を占めていた（**図 1-14a**）。その水草の多くは、沈水植物（クロモ、ヒロハノエビモ、センニンモなど）であり、ヒシはなかった。当時、諏訪湖の湖底は砂地だったと思われる。さらに、その沈水植物が水中に酸素を放出するので、湖内環境は良好な状態に維持されていたと推察される。ところが、高度成長時代を経て諏訪湖水中の栄養塩濃度が高まった結果、アオコが発生するようになり、湖水中の透明度が低下した。そのため、太陽光を必要とする沈水植物が大きく衰退し、岸近くのごく限られた場所に、わずかな種類の水草が分布するのみとなった。ちなみに、アオコが発生していた1976年には、水草帯の面積は諏訪湖の湖面積のたった4.8％であった（倉沢ほか，1979；**図 1-14b**）。

　現在、ヒシが広く分布する場所を調べると、水がよどみやすく、湖底に有機汚泥（ヘドロ）が溜まりやすい所が多いことに気づく。ヒシは、有機質の底質を好む植物なのである。また、ヒシはおそらく、成長するのに多くの栄養塩が必要なのだろう。諏訪湖の湖底には長くアオコが発生していた時代に大量の有機物が溜まり、それがヒシに栄養を供給したと考えられる。ちなみに、浅い湖岸でも底質が砂地であるところにはヒシは少なく、ササバモなどの沈水植物が分布している。

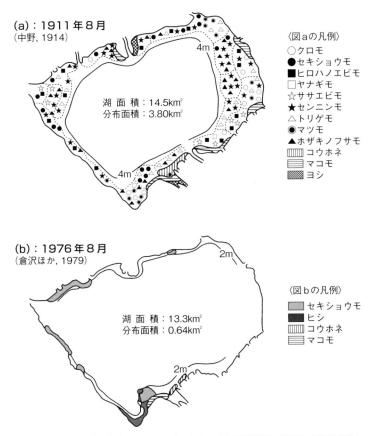

図1-14 1911年（a）と1976年（b）の夏の諏訪湖における水草の分布
出典：沖野（1990）をもとに作図

以上より、昔は沈水植物が多く繁茂していた諏訪湖で、近年になってヒシだけが増えた理由は次のように説明できるだろう（図1-15）。まず、昔の諏訪湖では、水が澄んでいて透明度が高く、湖底は砂で覆われ、様々な沈水植物が繁茂していた（図1-15①）。ところが、アオコが発生するようになると透明度が著しく低下し、ほとんどの水草が諏訪湖から姿を消した（図1-15②）。その時期は、底質が変わった時期でもある。植物プランクトンが枯死してできた大量の有機物が湖底に沈み、底質はヘドロ化した。その後、水質浄化対策の効果でアオコの発生量を大きく減らし、それは湖底に太陽光を届けることにな

り、水草の成長を促した。しかし湖底は長年かけて溜まったヘドロに覆われており、砂地を好むかつての沈水植物は戻らず、ヘドロを好むヒシが増え、湖面を覆うようになった（**図 1-15 ③**）。

　すると、諏訪湖に昔のような沈水植物群落を復活させるには、底質を砂地に変えなければならないことになる。これまで、諏訪地域の人たちは、諏訪湖の環境保全を目的に、「"水質"浄化」を合い言葉として活動してきた。それがかなりの程度達成された今、「"底質"改善」という新たな課題を突きつけられたと言えるだろう。湖底のヘドロの多寡は、水中から沈降する有機物量とそれらが湖底で分解無機化されて水中に回帰する量の差し引きであるので、水質浄化を進めることはヘドロを減らすことにつながるが、水質浄化だけでは長い時間がかかることを理解しなければならない。

　なお、大量の有機物が湖底に溜まっているところは沿岸域だけではなく、諏訪湖の湖底広くに及んでいる。それら有機物がバクテリア等の微生物によって分解されていて、酸素が消費され、夏になると、いまだに十分な太陽光が届かない水深3mより深いところでは、酸素がほとんどない貧酸素状態になる。貝類の多くが姿を消すようになったのはそのためと考えられる。そして、この

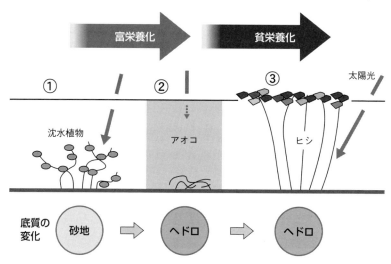

図 1-15　諏訪湖における水草と底質の遷移の模式図
出典：花里（2012）

貧酸素層の存在が深刻な環境問題として捉えられるようになっている。

1.7 動物プランクトンの変化

1.7.1 ワカサギの減少が大型動物プランクトンを増加させた

　これまで述べてきたように、諏訪湖では1999年を境に、様々な生物群集が大きく変化した。特に劇的な大きな変化が、アオコの激減である。植物プランクトンを主要な餌としている動物プランクトン群集は、アオコ減少の影響を強く受けるはずと考えられる。しかし、動物プランクトン群集は、期待されたような大きな変化は見られなかった。諏訪湖では体長が0.5 mm程度の小型のミジンコ、ゾウミジンコが優占し、またワムシも多い。これはほかの富栄養湖と同様である。

　ところが、1999年前後の10年間の諏訪湖の動物プランクトンの変化を詳しく解析したところ、動物プランクトン群集にも変化が起きていることがわかった。**図1-16**に、1996年から2005年までの主要な動物プランクトン種の個体密度の変化を示す。それを見ると、1999年頃を境に、2種の動物プランクトン、ノロとヤマトヒゲナガケンミジンコが、年々増える傾向にあることがわかる。

　ノロは日本の湖沼に生息する最大のミジンコで、体長は10 mm近くにまでなる。また、ヤマトヒゲナガケンミジンコはケンミジンコの仲間で、体長は1 mmを優に超える。これらは、諏訪湖に生息する動物プランクトン種の中で、第1位と第2位の大きさを持っている。つまり、現在の諏訪湖では、大型の動物プランクトンが増えているのである。

　大型の動物プランクトンが増えているということは、それを好んで捕食する魚が減少したためと考えられる。魚は一般的に、より大型の動物プランクトンを選択的に捕食することが良く知られている（Brooks and Dodson, 1965; O'Brien, 1979）。それはきっとワカサギも例外ではないであろう。諏訪湖の水質浄化が進んだ結果、ワカサギの生産量が減り、それが大型動物プランクトンに対するワカサギの捕食圧を低下させているのかもしれない。

　そこで、ワカサギと動物プランクトンとの関係を明らかにするため、長野県水産試験場諏訪支場の協力を得て、2001年5月から12月までの間、月に1〜

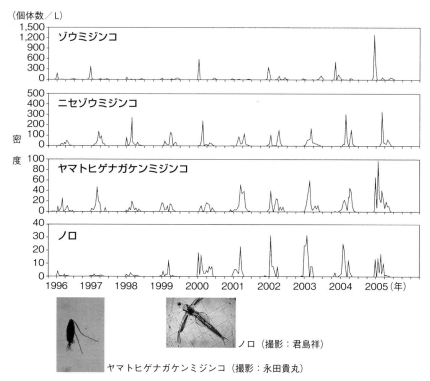

図 1-16　1996年から2005年までの、諏訪湖の主な甲殻類プランクトンの個体密度の変化
出典：永田・平林（2009）

3回の頻度でワカサギを採集し、同時に湖水中の動物プランクトンも採集して、調査を行った。捕ったワカサギは実験室内で腹を割き、胃の中に入っていた動物プランクトンの種と個体数を調べた。一方、湖水から採集した動物プランクトンは、顕微鏡を使って種ごとの個体数を出し、湖水中の密度（個体数 /mL）を算出した。そして、これらのデータを用い、動物プランクトンに対するワカサギの餌選択性指数を求めた（Chang *et al.*, 2005）。

　餌選択性指数とは、環境中に生息する何らかの餌生物を魚が好んで捕食しているかどうかを判別するための指数で、ここでは、魚類の餌選択性でよく用いられる Chesson の餌選択性指数 α（Chesson's Index）を採用した。

1.7 動物プランクトンの変化

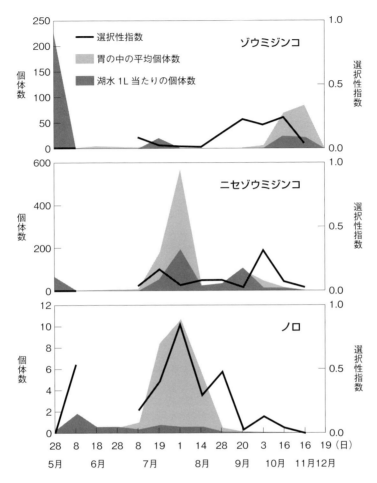

図 1-17 諏訪湖に生息するゾウミジンコ、ニセゾウミジンコ、ノロの湖水中の密度と、ワカサギの胃の中の平均個体数、およびそれら動物プランクトン種に対するワカサギの餌選択性指数の季節変化

濃いグレーの部分が湖水中の密度、薄いグレーの部分がワカサギの胃の中の平均個体数である。Chessonの餌選択性指数 α （Chesson's Index）は、$\alpha = (r_i/p_i) / \Sigma (r_i/p_i)$ の式で求められる。ここで、r_i はワカサギの胃の中の種 i の個体数割合、p_i は湖水中の餌生物（プランクトン）全体における種 i の個体数割合である。餌選択性指数（α）の評価は、すべての餌生物の出現確率を加えた値である 1 を、環境中に生息する餌生物の種数で割った値が基準になる。
湖水中の餌生物の種数を x 種類とすると、魚は $\alpha > 1/x$ の種を好んで捕食し（好きな餌）、$\alpha < 1/x$ の種では捕食を避け（嫌いな餌）、$\alpha = 1/x$ の種では無選択（好きでも嫌いでもない餌）、ということが言える。
出典：Chang et al.（2005）より改変

第 1 章 諏訪湖の「富栄養化問題」と「貧栄養化問題」

その結果を**図 1-17** に示す。これを見ると、ワカサギは 8 月 1 日に動物プランクトン群集内で優占する小型のニセゾウミジンコをたくさん食べていたことがわかる。しかし、餌選択性指数は低く（0.05）、ワカサギはニセゾウミジンコを積極的に食べていたわけではなかった。一方、同じ日のノロに対する餌選択性指数は非常に高く（0.88）、ワカサギはノロを積極的に選んで捕食していたことが示された。ワカサギは、やはり大型の動物プランクトンを好んでいたのである。言いかえれば、ワカサギは大型の動物プランクトンに強い捕食圧をかけていたのである。

1.7.2 カブトミジンコの出現

ワカサギが大型の動物プランクトンに強い捕食圧をかけていたのであれば、諏訪湖でのノロとヤマトヒゲナガケンミジンコの増加は、ワカサギの捕食圧が減ってきたため、と考えるのが妥当だろう。実際に今、諏訪湖のワカサギは減っており、今後も減っていくならば、日本で魚が少ないところに優占する大型ミジンコのカブトミジンコ *Daphnia galeata*（**図 1-18**：体長約 2 mm）が諏訪湖に侵入してくるだろうと予測した。するとそれが的中して、2007 年と 2012 年

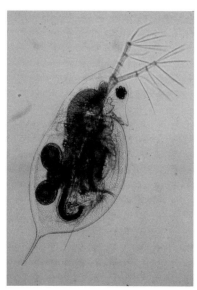

図 1-18　カブトミジンコ（*Daphnia galeata*）

図 1-19 動物プランクトンの調査が諏訪湖で行われた年と、*Daphnia* 属ミジンコの出現記録
○：記録あり、×：記録なし
出典：花里（2012）

の春に諏訪湖でカブトミジンコが採集された。ただし、それは長くは続かなかった。まだ、ワカサギの捕食圧が十分には下がっていなかったのだろう。

　ところで、諏訪湖では古くから生物群集が調査されている。その最初の調査が、1907 年から 1909 年に行われた（田中，1918）。そのときは、動物プランクトンも調べられており、その記録を見ると、*Daphnia* 属のミジンコが記載されていた（**図 1-19**）。ところが、その次に行われた 1947 年から 1949 年の調査の報告には、*Daphnia* 属の名前はなかった（Kurasawa at al., 1952a; b）。その後、諏訪湖の動物プランクトンは極めて頻繁に調べられてきたが、2007 年のカブトミジンコの出現まで、一度も *Daphnia* 属は採集されなかった。このことは、最初の調査時の 1907 ～ 1909 年と次の調査時の 1947 ～ 1949 年の間に、*Daphnia* 属を諏訪湖から追いやることになった環境変化があったことを窺わせる。その環境変化の要因の一つとして考えられるのが、1914 ～ 1915 年にあった、諏訪湖へのワカサギの移入である。

　諏訪湖の代表的な魚というと、誰もがワカサギの名を挙げるだろう。しかし、ワカサギはもともと諏訪湖にいた魚ではない。これは、本来、霞ヶ浦やサロマ湖などの汽水湖（今の霞ヶ浦は水門建設により淡水湖になっている）に棲む魚である。1914 ～ 1915 年の諏訪湖へのワカサギの移入は、漁業振興のために、霞ヶ浦のワカサギを移植したことによる。諏訪湖は淡水湖だが、それでもワカサギ

が定着し、諏訪湖の漁業を支えてきた。したがって、1940年代以後に*Daphnia*属が諏訪湖で見られないことの理由として、ワカサギが諏訪湖に入ってきて、大型のミジンコに対して強い捕食圧を与えるようになった、ということが考えられる。

今、諏訪湖ではワカサギが減っており、今後も減少するであろうと考えられる。すると、再び*Daphnia*属が生息しやすい環境がつくられるように思える。諏訪湖の動物プランクトン群集は、これまで変化が見えにくかったが、近い将来に大きく変わるかもしれない。

1.8 諏訪湖の貧栄養化問題

1.8.1 富栄養化しても貧栄養化しても問題は生じる

昔の諏訪湖では、沈水植物が湖底の広い範囲を覆っており、湖水は澄んでいた。夏には水泳場として利用され、水泳大会も開かれていた。ところが、その後富栄養化が進み、1960年代になると、アオコが発生するようになった。その一方で、湖水の透明度が低下したために、沈水植物群落が大幅に衰退した。また、幼虫が底生動物として湖底に生息するユスリカ類が増え、成虫が定期的に大発生を繰り返すようになった。そして、それが、漂うアオコの異臭とともに、大きな環境問題となった。

そこで、湖の富栄養化を食い止めるため、官民学が協力して水質浄化対策を進めた。その結果、アオコの発生量が大きく減少し、迷惑害虫のユスリカも減り、水草が復活し始めた。これにより、目指していた昔の諏訪湖の姿に近づいてきたと、多くの人が感じるようになった。

ところが、この水質浄化の進展に伴ってワカサギの漁獲量が減り、それが新たな、そして大きな問題となった。さらに、アオコが減って透明度が上昇したことにより、浮葉植物のヒシが大繁茂するようになり、今は駆除が行われている。これは「貧栄養化問題」と言える。つまり諏訪湖では、湖が富栄養化しても、逆に水質浄化が進み貧栄養化しても、その都度、様々な問題を生じたことになる。

富栄養化も貧栄養化も、どちらも植物プランクトン群集や底生動物群集を変

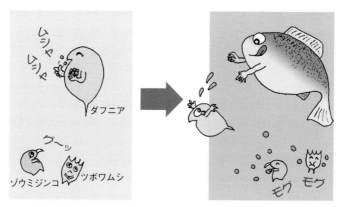

図 1-20　湖に魚がいない場合（左）と、魚が入ってきた場合（右）の生物間相互作用
出典：花里（2012）

え、底質を変えて沈水植物の分布域を大きく変えた。すなわち、どちらも諏訪湖の生態系を大きく変える働きをした。生態系の変化は、周辺に住む諏訪地域の住民の生活にも影響を与えてきたことがわかる。

今後は単に諏訪湖の水質に注目するだけではなく、生態系全体に目を向けていく必要があるだろう。そして、その際に理解しなければならないことは、生態系を構成している生物の種類や個体数は、多くの生物どうしの関わり合いによって決められているということである。

例えば、魚がいない湖の動物プランクトン群集では、大型ミジンコの *Daphnia* 属が多く、小型のゾウミジンコやもっと小さなワムシ類が少ない（図 1-20）。これは、大型の *Daphnia* 属が餌をめぐる競争関係において、小型動物プランクトンより優位だからである。ところが、そこに魚が入ってくると、*Daphnia* 属が魚に食べられて姿を消す。すると、餌の分け前が小型動物プランクトンに行き、それらが増える。

複雑な食物連鎖でつながる生態系の構造を思い通りに制御することはほとんど不可能に近い。流入負荷量を減らして水質を改善し、アオコは減ったが、ワカサギの漁獲量の低下という、新たな問題が生じてしまった。そこには、ワカサギの餌となっていたユスリカの幼虫やワムシ類の種の交替が絡んでいる。繁茂しているヒシは底泥中の有機物の減少に寄与していると考えられるが、生物

の生息場としての価値は十分に解明できていない。富栄養化以前の沈水植物が繁茂していた状態に戻すにはどのようにすればよいのか、まだ具体的な対策を立てるまでには至っていない。

1.8.2　湖にどういう生態系を望むのか？

　もう一つ、考慮すべき要因がある。それは、多くの人が、直接、間接に諏訪湖の生態系に依存しているが、その人々が求めている生態系が、必ずしも同じではないということである。例えば、漁業関係者は、魚がたくさん捕れることを望んでいる。そのためには、諏訪湖は富栄養化しているほうがよく、中にはアオコがある程度発生していても魚が捕れるほうがよいという人がいるかもしれない。一方、観光業に関わっている人は、諏訪湖が植物プランクトンの少ない澄んだ水をたたえ、ユスリカが舞わない環境を望んでいるだろう。湖畔を憩いの場として利用している人は、水草が生え、鳥のさえずりをいつでも聴ける湖を好むであろう。したがって、ある目的で湖を利用している人にとっては好ましい生態系でも、別の人にとってそれは好ましくない生態系ということがあり、立場によって、望む生態系が異なるのである。

　さて最後に、今後の諏訪湖の変化を推測してみたい。窒素やリンの流入負荷量の削減を緩めない限り、諏訪湖水中の窒素やリンの濃度がさらに低下して、魚が減り、魚によるミジンコへの捕食圧が下がるだろう。すると、大型ミジンコ類がさらに増える。特にカブトミジンコが増えるようになると、カブトミジンコは植物プランクトンを効率よく摂食するので（花里，2005）、植物プランクトン量が低下し、さらに透明度が高くなる。いずれは湖心でも太陽光が湖底に届くようになるだろう。そうなると、湖底付近にいる植物プランクトン、または沈水植物が増えて光合成を行うようになり、湖底の貧酸素層は解消するだろう。つまり、様々な変化が連鎖的に起き、湖の水質浄化がますます進むと予測される（花里，2012）。

　今、全国の多くの湖で水質浄化の取り組みが進んでおり、諏訪湖で生じた漁業不振をはじめとする様々な現象が、今後、国内各地の湖でも起こるかもしれない。貧栄養化によって、予期しないカタストロフィックな変化や我々人間にとって好ましくない問題が起こる可能性もある。諏訪湖の事例を参考に、その

時の対応を、今から考えておく必要があると思われる。

[引用文献]

Brooks, J. L. and Dodson, S. I. (1965) Predation, bodysize, and composition of plankton. *Science* **150**: 28-35.

Chang, K. - H., Hanazato, T., Ueshima, G. and Tahara, H. (2005) Feeding habit of pond smelt (*Hypomesus nipponensis*) and its impact on the zooplankton community in Lake Suwa, Japan. *J. Freshwat. Ecol.* **20**: 129-138.

花里孝幸・小河原誠・宮原裕一（2003）諏訪湖定期調査（1997-2001）の結果．信州大学山地水環境教育研究センター研究報告 **1**: 109-174.

花里孝幸（2005）魚群集を制御して湖沼水質を改善する．環境研究 **137**: 112-119.

花里孝幸（2006）ミジンコ先生の水環境ゼミ—生態学から環境問題を視る．地人書館，東京，272pp.

花里孝幸（2012）ミジンコ先生の諏訪湖学—水質汚濁問題を克服した湖．地人書館，東京，221pp.

Hirabayashi, K., Hanazato, T. and Nakamoto, N. (2003) Population dynamics of *Propsilocerus akamusi* and *Chironomus plumosus* (Diptera: Chironomidae) in Lake Suwa in relation to changes in the lake's environment. *Hydrobiologia* **506**: 381-388.

印旛沼環境基金（1998）印旛沼白書（昭和62年版）．p.65.

Kurasawa, H., Kitazawa, Y. and Shiraishi, Y. (1952a) Studies on the biological production of lake Suwa 4(1). 資源科学研究所彙報 **27**: 29-39.

Kurasawa, H., Kitazawa, Y. and Shiraishi, Y. (1952b) Studies on the biological production of lake Suwa 4(2). 資源科学研究所彙報 **28**: 98-106.

倉沢秀夫・沖野外輝夫・林　秀剛（1979）諏訪湖大型水生植物の分布と現存量の経年変化．諏訪湖集水域生態系研究（環境科学特別研究）**3**: 7-26.

倉田　亮（1990）日本の湖沼．滋賀県琵琶湖研究所所報 **8**: 65-83.

宮原裕一（2007）諏訪湖定期調査（2002-2006）の結果．信州大学山地水環境教育研究センター研究報告 **5**: 47-94.

長野県（2008）諏訪湖に係る第5期湖沼水質保全計画

永田貴丸・平林公男（2009）水質浄化に伴う動物相の変化．水環境学会誌 **32**: 18-21.

中野治房（1914）諏訪湖植物生態ニ就テ．植物雑誌 **28**: 127-132.

O'Brien, W. J. (1979) The predator-prey interaction of planktivorous fish and zooplankton. *American Scientist* **67**: 572-581.

Okino, T. (1982) Urban-hinterland interaction: urban wastes and the ecosystem of Lake Suwa. *Report of the Suwa Hydrobiological Station, Shinshu University* **4**: 1-8.

沖野外輝夫（1990）諏訪湖—ミクロコスモスの生物．八坂書房，東京，204pp.

沖野外輝夫・花里孝幸（1997）諏訪湖定期調査：20年の結果．信州大学理学部附属諏訪臨湖

実験所報告 **10**: 7-249.
武居　薫 (2005) 魚介類の移り変わり.「アオコが消えた諏訪湖―人と生き物のドラマ」(沖野外輝夫・花里孝幸 編), 信濃毎日新聞社, 長野, pp.288-319.
竹内勝巳・沖野外輝夫 (1982) 諏訪湖におけるワカサギ (*Hypomesus transpacificus* f. *nipponensis*) の成長と食性.「環境科学の諸断面―三井教授還暦記念論文集」(三井嘉都夫教授還暦記念事業会 編), 土木工学社, 東京, pp.17-22.
田中阿歌麿 (1918) 湖沼学より見たる諏訪湖の研究（上下）. 岩波書店, 東京, 1682pp.

第2章

琵琶湖の水質変化と漁獲量の変動

大久保卓也

2.1 琵琶湖の概況

　琵琶湖は淀川の最上流部に位置する湖で、面積 (670 km^2)、貯水量 (27.5 km^3) ともに、日本で最大の湖である。琵琶湖全体の平均水深は 41 m、最深部の水深は 103 m であり、南北の長さが 63 km、最大幅は 23 km となっている（滋賀県琵琶湖研究所，1986）。琵琶湖に流入する河川の中で流域面積が最も大きいのは琵琶湖の南東部に流入する野洲川（流域面積 383 km^2）であるが（滋賀県，2013）、その河口部は土砂の堆積により三角州が張り出しており、琵琶湖の幅が狭くなっている（図 2-1）。この狭まった場所（守山と堅田との間）に琵琶湖大橋が架かっており、琵琶湖大橋の北側を北湖（面積 618 km^2、平均水深約 43 m、貯水量 27.3 km^3）、南側を南湖（面積 52 km^2、平均水深約 4 m、貯水量 0.2 km^3）と呼んでいる。

　琵琶湖の集水域の面積は 3,174 km^2 であり、土地利用状況は図 2-1 に示すように、森林が最も多く約 60 ％を占め、水田（休耕田、転作田を含む）が約 20 ％、住宅・工場・道路等が約 9 ％、畑が約 2 ％となっている（2006 年時点）。琵琶湖集水域の農地は大部分が水田（水田率 92 ％）であるが（滋賀県，2012）、3 割程度は転作で麦・大豆等を栽培している（農林水産省，2010）。1960 年代以降、国道 1 号線、阪神高速道路、東海道新幹線の開通に伴って主要道路沿線や JR の駅周辺で都市化が進展し、農地から宅地・道路に転用される面積が増加している。人口も交通網の整備や工場の立地に伴い増加しており、

第2章 琵琶湖の水質変化と漁獲量の変動

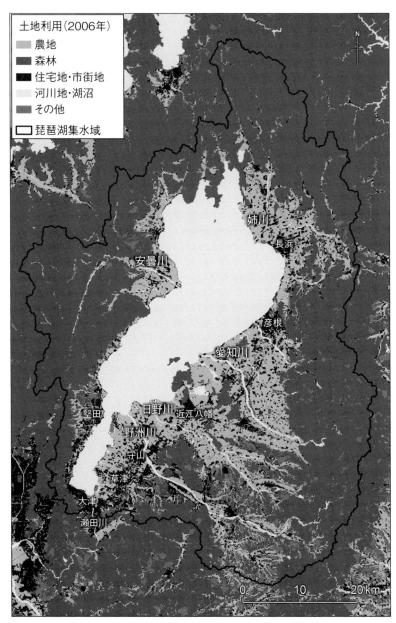

図2-1 琵琶湖とその集水域
（東善広、国土数値情報土地利用細分メッシュデータから作図）

1960年に約80万人であった滋賀県の人口は2010年には約140万人となった。

琵琶湖は、地殻変動でできた構造盆地の底に水を湛えた湖で、約400万年前に現在の三重県上野市のあたりに誕生したと言われている。これを「古琵琶湖」と呼び、その後、古琵琶湖は移動しながら大きさ・形を変え、約40万年前に現在の琵琶湖になったと言われている（滋賀県，2013）。10万年以上存続している古い湖は「古代湖」と呼ばれるが、琵琶湖は、バイカル湖（ロシア）やタンガニーカ湖（アフリカ大陸南東部）などとともに世界で20ほどしかない古代湖の一つである。

このように長期間、湖として存続してきた結果、琵琶湖およびその周辺では水生動植物が独自に進化し、多くの固有種（61種）が生息している（滋賀県，2013）。固有種としては、魚類ではビワコオオナマズ、ビワマス、ニゴロブナ、ホンモロコなど、貝類ではセタシジミ、イケチョウガイなど、甲殻類ではアナンデールヨコエビなど、無脊椎動物ではビワオオウズムシなど、水生植物ではサンネンモ、ネジレモが挙げられる。

琵琶湖から流出する河川は瀬田川1本のみであるが、明治時代後期（1912年）に造られた導水路「琵琶湖疎水」によって、琵琶湖の水は浜大津付近から京都市内にトンネルを通して導水され、飲料水、発電用水として利用されている。また、瀬田川から宇治川、淀川へと流下した水は京都、大阪方面の多くの人に上水や農業用水、工業用水として利用されており、琵琶湖の水は近畿圏1,400万人に利用されていると言われている（滋賀県，2013）。

2.2 琵琶湖の水質変化

琵琶湖の水は、滋賀県のみならず下流府県にとっても大事な水であるため、琵琶湖の管理は国土交通省と滋賀県が協力して行っている。琵琶湖の水質のモニタリングも図2-2に示す地点で、国土交通省、水資源機構と滋賀県が共同で実施している（滋賀県，各年度a）。代表的な水質指標について、北湖の28地点、南湖の19地点の表層の年度平均値の推移を図2-3に示した。

有機物濃度の指標であるBOD（Biochemical Oxygen Demand：生物化学的酸素要求量）濃度は1970年代から徐々に減少傾向にある。類似の変化が、SS

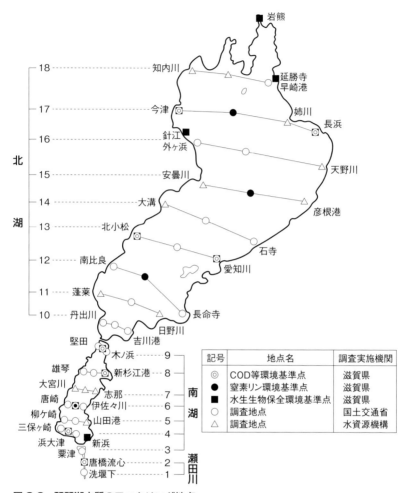

図 2-2　琵琶湖水質のモニタリング地点
国土交通省、水資源機構、滋賀県が共同で実施している。

（Suspended Solids：懸濁物質）および TP（全リン）の濃度で見られる。また、植物プランクトン現存量の指標であるクロロフィル a 濃度についても、SS や TP と同様に 1980 年以降は減少傾向にある。一方、TN（全窒素）濃度は、BOD、TP、SS、クロロフィル a のように一方向的に減少するのではなく、1985 年頃から 2000 年頃にかけて横ばい、または増加傾向となり、その後減少

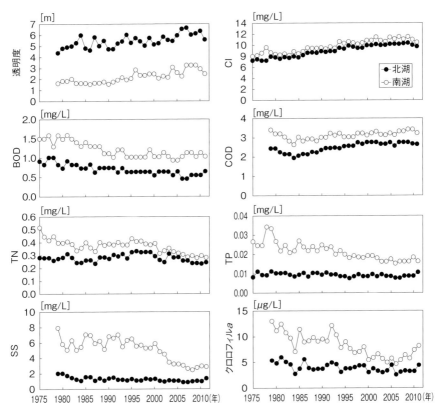

図2-3 琵琶湖水質の長期変化
代表的な水質指標である透明度および、Cl、BOD、COD、TN、TP、SSの各濃度、植物プランクトン現存量の指標であるクロロフィルa濃度について、北湖の28地点、南湖の19地点の表層の年度平均値の推移（1975～2011年）を示した。

している。

このように、窒素濃度の減少がBODやリンに比べて遅れた原因としては、窒素はBODやリンに比べ排水処理プロセスで除去されにくいこと、例えば、大津市下水処理場におけるBOD、TN、TPの除去率は、それぞれ99.3％、75.4％、99.9％となっている（滋賀県琵琶湖環境部, 2013）、窒素は大気からの負荷量が大きいこと、などが影響していると推定される。実際に、琵琶湖に流入する汚濁負荷量の計算結果を見ると、窒素の流入負荷量は、リンの流入負荷量よりも減少が遅れていた（後述）。

第2章 琵琶湖の水質変化と漁獲量の変動

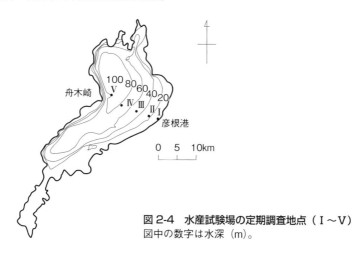

図2-4　水産試験場の定期調査地点（Ⅰ～Ⅴ）
図中の数字は水深（m）。

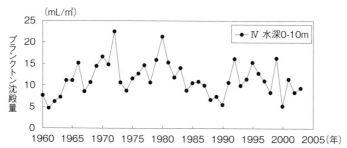

図2-5　琵琶湖北湖中央部地点（Ⅳ）におけるプランクトン沈殿量の変化
大久保ほか（2007）。滋賀県水産試験場データから作図。

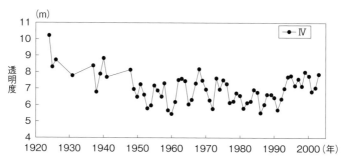

図2-6　琵琶湖北湖中央部地点（Ⅳ）における透明度の長期変化
大久保ほか（2007）。滋賀県水産試験場データから作図。

図 2-3 に示したモニタリング調査よりさらに以前から行われている滋賀県水産試験場の調査結果（滋賀県，各年度 b）では、琵琶湖北湖中央部（図 2-4 の地点 IV）において、プランクトン沈殿量（プランクトン現存量の指標）が 1972 〜 1981 年の間にピークを示していたことがわかる（図 2-5）。また、同調査による透明度の 1920 年代以降の変化を見ると（図 2-6）、1980 〜 1990 年頃に最も値が低下し、1990 年頃から上昇に転じていることがわかる。このような水質変化から、琵琶湖では植物プランクトン現存量が 1980 年頃から減少傾向にあると推定され、これまで実施されてきた富栄養化防止対策の効果が現れてきていると考えられる。

一方、同じ有機物指標である COD（Chemical Oxygen Demand：化学的酸素要求量）は、BOD とは全く異なる変化パターンを示しており、南湖では横ばい、北湖では上昇傾向にある。COD と BOD の変化パターンの違いの原因は、BOD で測定される易分解性有機物の濃度は減少しているが、COD で測定される一部の難分解性有機物の濃度が上昇しているため、と考えられている（滋賀県，2001）。この COD で測定される一部の難分解性有機物は、陸域から流入するものと、湖内の植物プランクトンが生産するものとがあると考えられる。陸域から供給される難分解性有機物が増加している可能性を示す現象として、琵琶湖での塩化物イオン（Cl）濃度の増加がある。Cl イオンは、生活排水、工場排水、農業排水に含まれているが、下水処理場や自然界では除去できない。難分解性有機物も Cl イオンと同様の挙動を示すと推定されることから、Cl イオン濃度が琵琶湖で増加しているということは、人間活動由来の難分解性有機物の濃度も増加している可能性を示唆している。一方で、琵琶湖の植物プランクトンの種組成が変化し、細胞の周りに寒天状の有機物を持つ種が増加しており、難分解性有機物の増加はこれに由来しているという説もある（藤原ほか，1999）。このように、COD 濃度増加の原因については、まだはっきりわかっていないのが現状である。

2.3　琵琶湖に流入する汚濁負荷量の変化

次に、琵琶湖に流入する汚濁物質の量の変化を見てみよう。図 2-7 と図

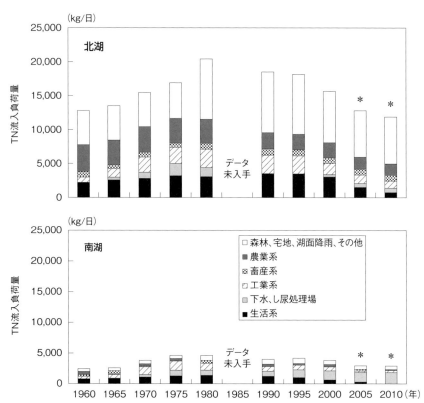

図 2-7　琵琶湖の集水域別の TN 流入負荷量の長期変化
大久保ほか（2007）のデータに、佐藤ほか（2014）の 2005、2010 年のデータ（*）を追加して作図。
この図で、2005、2010 年の畜産負荷量は、2000 年と同じ値として設定した。

2-8 に 1985 年から 5 年ごとに策定されている湖沼水質保全計画の資料、およびそれ以前の滋賀県の調査資料から求めた北湖、南湖集水域別の窒素とリンの流入負荷量の経年変化を示した。TN 流入負荷量は、北湖では 1980 年頃、南湖では 1975 年頃にピークを示し、その後減少している。TP 流入負荷量は、北湖では 1975 年頃、南湖では 1970 年頃にピークを示し、その後減少している。TP 流入負荷量のピークは TN 流入負荷量のピークより 5 年早い。リンの流入負荷量の減少が窒素に比べて早かったのは、合成洗剤の無リン化と下水処理場におけるリン除去対策のためと考えられる。

2.3 琵琶湖に流入する汚濁負荷量の変化

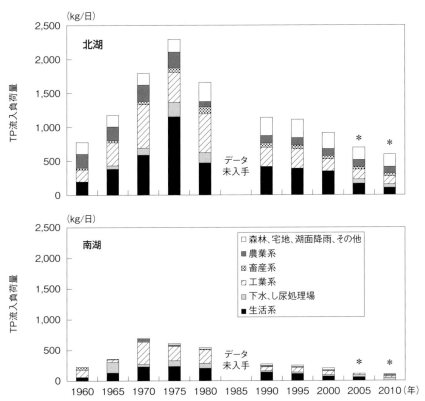

図 2-8　琵琶湖の集水域別の TP 流入負荷量の長期変化
大久保ほか（2007）のデータに、佐藤ほか（2014）の 2005、2010 年のデータ（＊）を追加して作図。
この図で、2005、2010 年の畜産負荷量は、2000 年と同じ値として設定した。

　琵琶湖への流入負荷量の変化と水質の変化を比較してみると、リンについては概ね対応関係が見られるが、窒素については対応関係が明確でなく、流入負荷量が減少し始めてから 10 〜 15 年ほど経過して、ようやく琵琶湖の窒素濃度が低下し始めている。この食い違いの原因としては、琵琶湖の水の滞留時間（容量÷流入量の計算で約 5 年）の影響もあるが、農地等の面源（発生源を識別できない面的に分布する汚濁物質の排出源）からの排出負荷量算定に問題がある可能性も考えられる。面源からの汚濁負荷量は降雨時に流出する量が多いが、降雨時負荷量調査は労力、経費の面で負担が大きいため、綿密な調査が実施さ

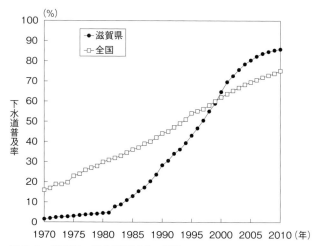

図 2-9　滋賀県の下水道普及率の推移
出典：滋賀県琵琶湖環境部（2013）

れておらず、そのため面源からの汚濁負荷量が過小評価になっている可能性がある（大久保ほか，2012）。

　湖内の懸濁態有機物濃度や植物プランクトンの現存量を表す指標である、BOD、SS、クロロフィル a、プランクトン沈殿量は、1970〜1980年頃に最も高い値を示し、その後減少する長期変化を示し、TP濃度、TP流入負荷量の長期変化と対応していることから、琵琶湖の有機物生産、一次生産はリンの流入負荷量に依存していると考えられる。

　このように、琵琶湖では窒素、リンの流入負荷量が減少し、その結果、植物プランクトンの現存量は減少し、富栄養化は解消されつつある。富栄養化防止のための汚濁負荷削減対策として最も効果が大きかったのは、下水道の整備である。滋賀県における下水道普及率の推移を図 2-9 に示した。特に、滋賀県内の四つの区域（湖南中部処理区、湖西処理区、東北部処理区、高島処理区：図 2-10 参照）で整備が進められてきた流域下水道は、4処理区合計で計画処理人口が130万人、2011年度末の処理人口が108万人と処理人口が大きく（滋賀県琵琶湖環境部，2013）、終末処理場では、窒素、リンを除去する高度処理が行われているため、汚濁負荷削減効果が大きい。例えば、湖南中部浄化セン

図2-10 滋賀県内の下水処理状況（2011年度末現在の滋賀県琵琶湖流域下水道区域図）
出典：滋賀県（2014）

ターでのBOD、TN、TP負荷量の除去率は、それぞれ99.5%、82.8%、98.1%（2011年度平均）である。

また、湖南中部浄化センターの処理水は瀬田川に放流されているため、湖南

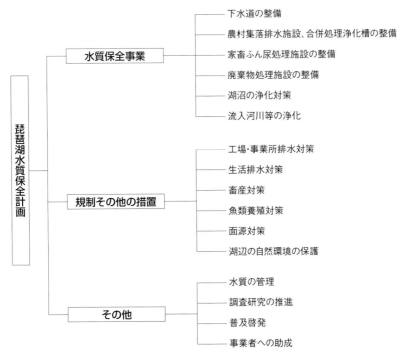

図 2-11　琵琶湖水質保全計画の取り組み内容
出典：滋賀県（1991）

中部処理区の、計画で 79.5 万人、2011 年末で 67.5 万人の人口（滋賀県琵琶湖環境部，2013）の排水は、琵琶湖には流入しなくなった。これはダイバージョン（系外放流）と呼ばれる究極の汚濁負荷削減対策であり、諏訪湖でも実施されている。下水道整備のほかにも、滋賀県では琵琶湖の富栄養化防止のために、農村集落排水処理施設の整備（窒素・リンも除去可能な型式）、水田等の面源汚濁負荷削減対策の啓発・普及、閉鎖性水域での底泥浚渫など、様々な対策が実施されてきた（**図 2-11**）。琵琶湖の水質が改善されてきたのは、これらの対策を実施してきた結果である。

2.4　漁獲量の減少とその原因

これまで、琵琶湖の水質と流入負荷量の変化を示してきたが、湖内における

魚貝類の現存量の長期変化はどのようになっているのだろうか？　魚貝類の現存量の長期変化を調べたデータはないため、漁獲量の変化から現存量の変化を推定するしかない。

琵琶湖の魚貝類を含めた漁獲量統計データは1954年から統計年報に示されているが、その変化を見ると、総漁獲量は1950年代から一貫して減少しており、特にシジミ等の貝類の減少が顕著である（**図2-12**）。また、魚類では、コイ、フナ、モロコ、イサザ、ウグイ、オイカワなどは減少の一途である。アユは1990年頃にピークを示し、その後減少傾向にある。漁獲量減少の原因としては、様々な要因が指摘されており、整理すると下記のような事項が挙げられる。

＜漁獲量減少の原因として指摘されているもの＞
①外来魚による在来魚の捕食
②内湖干拓
③圃場整備（遡上阻害、水路側面垂直化による産卵場減少、非灌漑期の乾燥）
④河川・湖岸の護岸工事
⑤堰堤の建設（ダム、取水堰、砂防堰堤）
⑥これまでの水質保全対策による栄養塩、有機物の減少
⑦河川での取水等による瀬枯れ
⑧琵琶湖水位の人為操作

①については、中井（2004; 2009）がオオクチバス（ブラックバス）、ブルーギルの捕食によって在来魚が減少している可能性が高いことを指摘している。漁業者からもオオクチバス、ブルーギルの増加によってアユ等の在来魚が減少したのではないかという感想はよく聞く。②については、琵琶湖周辺にあった多くの内湖（琵琶湖沿岸の水域が砂洲によって囲まれてできた小湖沼。海岸の潟湖に相当する）が干拓されたため、生活史の中で内湖を利用していた魚種は大きな打撃を受けたことが予想される。例えば、琵琶湖で成長するが、繁殖期になると接岸し、内湖のヨシ帯に卵を産みつけるゲンゴロウブナやホンモロコは、内湖が利用できなくなることによって減少した可能性がある（細谷, 2005）。ほかにも、デメモロコ、ビワヒガイ、ニゴロブナ、タモロコなどは生

第2章　琵琶湖の水質変化と漁獲量の変動

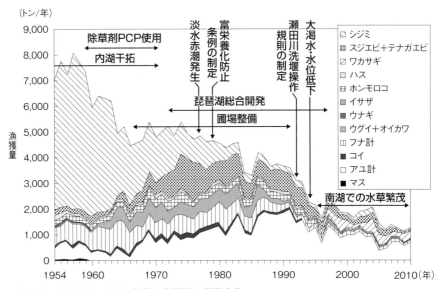

図2-12　琵琶湖における魚類の漁獲量の長期変化
近畿農政局滋賀農政事務所（各年）『滋賀県農林水産統計』から作図。

活史の中で内湖を利用する時期があり（細谷，2005）、内湖の干拓がマイナス要因になっている可能性がある。③については、圃場整備によって排水路と田面の段差が大きくなり、魚が遡上できなくなった水田が多い。そのため、水田を繁殖場として利用していたタモロコ、ニゴロブナ、ゲンゴロウブナ、ナマズなどは、圃場整備が原因で減少した可能性がある（細谷，2005）。また、圃場整備は水田が湿田の場合は、乾田化することも目的にして実施されており、非灌漑期には土壌が乾いてしまうようになったことも生物を減らす原因になっている可能性がある。

　その他、圃場整備の生物への影響については、最近徐々に明らかにされており、それを改善するための取り組みが農業サイドで検討されている（森，2007）。滋賀県が実施している「魚のゆりかご水田プロジェクト」もその一環として位置づけられる。「魚のゆりかご水田プロジェクト」とは、圃場整備により農業排水路と田面の落差が大きくなり、魚が水田に昇れなくなった状態を改良し、魚が以前のように琵琶湖と水田を行き来できるようにして生き物が豊

図 2-13 「魚のゆりかご水田プロジェクト」の取り組みの様子
出典：滋賀県 HP

かな水田を再生しようとするプロジェクトである（**図 2-13**）。④の河川・湖岸の護岸工事は、周辺の湿地との遮断により魚類の移動を阻害している可能性や、護岸がコンクリート化することによって産卵に適した自然護岸が少なくなるといった問題がある。⑤の堰堤の建設については、生物移動の障害や土砂供給減少による河床材質の変化が起き、魚にとってマイナスになる可能性がある。

⑥については、先に示したように下水道整備等によって琵琶湖に流入する栄養塩量が減少しており、それによって植物プランクトンや付着藻類の生産量（一次生産量）が減少している可能性が高い。そのため、それを餌とする動物プランクトンや貝類、さらに動物プランクトンを餌とする魚類の減少を招いている可能性がある。また、下水道の普及によって生活雑排水が水路、河川に全く流入しなくなり、以前は台所から流出していた食物のくずが流出しなくなった。生活雑排水に含まれていた食物のくずは雑食性の魚類や一部の底生生物の餌になっていた可能性があり、その餌が減少した。

⑦の河川での瀬枯れは、滋賀県では愛知川、犬上川、安曇川などで発生しており、地質および農業用水の取水が影響している。瀬切れすることにより生息場所の喪失や生物移動の遮断が起き、これも魚類にとってはマイナス要因となる。⑧については、水資源開発公団事業後の1992（平成4）年以降、琵琶湖で

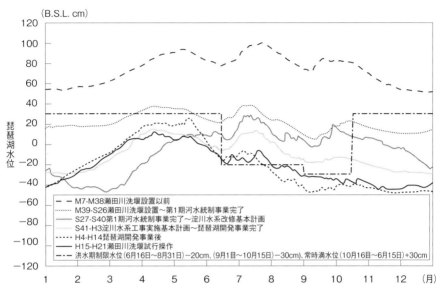

図 2-14 琵琶湖の年間水位変動の長期的な変化
M：明治、S：昭和、H：平成
B.S.L.（Biwako Surface Level）：琵琶湖基準水位（＋85.614 m）。琵琶湖水位は B.S.L. を±0 m とした水位。
出典：国土交通省（2010）

は治水のため水位を 5 月中旬から 6 月中旬にかけて急速に下げる操作が行われている（図 2-14）。それが、フナ類の産卵・孵化および稚仔魚の生育に悪影響を及ぼしている可能性が指摘されている（山本，2001; 2002）。

このほかに、下水処理水の残留塩素や環境ホルモンなどの化学物質の影響が懸念されているが、どの程度の影響があるかは研究段階にあり、よくわかっていない。

2.5 漁獲量変動と環境要因の関係の統計解析

前節で述べたように、漁獲量の減少要因については様々な要因が挙げられ、どれが主要因になっているか特定することは難しい。そこで、ここでは、過去 57 年間の漁獲量データを用い、気象条件、琵琶湖の水位、水質、集水域における下水道普及、圃場整備等の環境因子の変化と漁獲量との関係について統計

2.5 漁獲量変動と環境要因の関係の統計解析

解析を行ってみた結果を示す（大久保ほか，未発表資料）。

統計解析に用いたデータは、1954 年から 2010 年（57 年間）の琵琶湖の漁獲量、同年および前年の彦根の年降水量、年平均気温、年平均風速、年間日照時間、年降雪量、年間全天日射量、同年の各月降水量、同年の各月平均風速、1970 年以降の各月平均琵琶湖放流量、各月平均水位、1970 年前後からの透明度（北湖、南湖）、SS（北湖、南湖）、COD（北湖、南湖）、BOD（北湖、南湖）、TN（北湖、南湖）、TP（北湖、南湖）、1994 年以降の推定カワウ生息数、1963 年以降の圃場整備率、1970 年以降の下水道普及率である。各種魚貝類の漁獲量を従属変数として、上記の環境因子を説明変数として、ステップワイズ法で重回帰分析を行い、環境因子の影響を調べた。統計計算は Windows 版 SPSS Ver.15 を用いた。

分析結果を**表 2-1** にまとめた。ここでは、選ばれた説明変数が 11 個以上あった場合は、10 番目までを採択した。説明変数の標準化係数がマイナスの場合は従属変数と負の相関、プラスの場合は従属変数と正の相関があることを示し、標準化係数の値が大きいほど説明変数の影響度が大きいことを示している。

漁獲量合計、魚類計、アユ、ウグイ＋オイカワ、ハスの漁獲量に対する説明変数としては、「北湖の透明度」または「南湖の透明度」が選ばれ、係数はマイナスとなった。つまり、富栄養化防止対策によって透明度が上がって、水質は見た目によくなったが、これら魚類の漁獲量は低下したという関係が統計的に明らかである。また、アユの漁獲量の説明変数としては、「南湖の透明度」のほかに、「降雪量（係数はマイナス）」、「1、5 月の降水量（係数はプラス）」などが選択された。つまり、アユの漁獲量は、南湖の透明度が低い年、雪の少ない年、1、5 月の降水量が多い年に多い傾向にある。

一方、ホンモロコ、スジエビ＋テナガエビ、その他貝類の漁獲量の説明変数としては、「圃場整備率（係数はマイナス）」が標準化係数の絶対値が最も大きい説明変数として選ばれた。圃場整備がこれらの魚貝類にどのような因果関係でマイナス影響を及ぼしているかについては断言はできないが、可能性としては、①農業排水路と田面の段差拡大による遡上阻害（ホンモロコにマイナス影響）、②農業濁水による沿岸の砂場の泥質化（シジミ等の二枚貝にマイナス影

第2章 琵琶湖の水質変化と漁獲量の変動

表 2-1　漁獲量と環境因子の関係（ステップワイズ法による重回帰分析結果）

従属変数	相関係数	説明変数			
漁獲量合計	0.691	透明度（南湖） − 0.452	放流量（3月） − 1.099	水位（3月） 0.860	降水量（12月） 0.500
魚類計	0.624	透明度（北湖） − 0.624			
マス	1.000	風速（4月） − 0.236	平均風速 − 0.822	放流量（9月） − 0.687	TP（北湖） 0.156
アユ計	1.000	透明度（南湖） − 0.863	降雪量 − 0.689	降水量（5月） 0.450	降水量（1月） 0.372
コイ	0.974	SS（南湖） 0.951	放流量（2月） − 0.298	降水量（5月） − 0.205	
フナ計	0.998	水位（2月） − 0.855	降水量（11月） − 0.454	風速（7月） 0.283	風速（1月） 0.289
ウグイ＋オイカワ	0.943	透明度（南湖） − 0.790	放流量（12月） 0.446	風速（8月） 0.218	
ウナギ	0.777	放流量（1月） − 0.672	気温（1月） − 0.425		
イサザ	1.000	降雪量（前年） 0.878	降水量（4月） 0.714	降水量（2月） 0.901	降水量（1月） 0.818
ホンモロコ	0.993	圃場整備率 − 3.455	下水道普及率 2.858	TP（南湖） 0.326	気温（1月） 0.133
ハス	0.990	透明度（南湖） − 0.512	風速（11月） 0.516	風速（2月） 0.387	BOD（北湖） 0.256
ワカサギ	1.000	風速（11月） − 1.016	風速（8月） 0.894	気温（7月） − 0.688	放流量（5月） 0.253
スジエビ＋テナガエビ	0.985	圃場整備率 − 1.243	風速（10月） 0.468	水位（6月） − 0.560	年平均気温（前年） − 0.373
シジミ	1.000	BOD（北湖） 1.114	平均風速（前年） 0.808	降水量（11月） 0.554	年降水量（前年） 0.633
その他貝類	0.971	圃場整備率 − 2.353	下水道普及率 1.423		

（注1）説明変数の下段の数字は、標準化係数を示す。
（注2）11番目以降の説明変数は省略した。
（注3）濃いグレーは標準化係数がマイナス、薄いグレーは標準化係数がプラスを示す。
出典：大久保（未発表資料）

響）、③冬季における水田の乾燥による生物生息空間の減少などが考えられる。

　そのほかに、イサザの漁獲量の説明変数としては、「前年の降雪量（係数はプラス）」、「1、2、4月の降水量（係数はプラス）」、「南湖のCOD（係数はマイナス）」が選ばれた。シジミの漁獲量の説明変数としては、「北湖のBOD（係

2.5 漁獲量変動と環境要因の関係の統計解析

降水量(4月)	風速(4月)				
0.380	0.233				

水位(1月)	降水量(4月)	透明度(北湖)	全天日射量	放流量(5月)	水位(3月)
0.465	0.205	− 0.234	− 0.148	− 0.087	− 0.053
水位(1月)	気温(2月)	気温(9月)	風速(12月)	気温(4月)	放流量(11月)
− 0.384	0.307	0.132	− 0.053	− 0.075	0.029

BOD(北湖)	風速(11月)	放流量(1月)	気温(11月)		
0.173	− 0.223	− 0.125	− 0.122		

COD(南湖)	下水道普及率	風速(5月)	気温(11月)	降水量(11月)	SS(北湖)
− 0.842	0.547	0.211	− 0.164	− 0.127	− 0.114

風速(3月)	水位(8月)				
− 0.234	0.159				
放流量(3月)	水位(12月)	水位(9月)	気温(4月)	気温(11月)	BOD(南湖)
0.229	0.197	− 0.115	0.064	− 0.053	0.024
TP(北湖)	推定カワウ生息数				
0.162	0.159				
水位(1月)	放流量(10月)	放流量(4月)	水位(8月)	降雪量	年降水量
− 0.349	− 0.132	0.297	− 0.063	− 0.118	− 0.121

数はプラス)」、「前年の平均風速(係数はプラス)」、「11月の降水量(係数はプラス)」、「前年の降水量(係数はプラス)」が選ばれた。在来魚貝類の漁獲量に対するオオクチバス、ブルーギルの影響については、これら外来魚の回収量の経年データが少ないため影響因子として選択されなかったものと推定される。

このように、統計解析によると、透明度の増加やBOD、SS、TP濃度の減少といった水質改善と漁獲量の減少との相関が見られる魚種が多い結果となった。このことは、栄養塩供給量の減少が漁獲量の減少を招いている可能性を示唆している。しかし、オオクチバス、ブルーギルが増えてきた時期と水質が改善されてきた時期が重なるため、両者の影響を分離することは難しい。また、圃場整備は、ホンモロコ、スジエビ＋テナガエビ、貝類にマイナスの影響を及ぼした可能性が示唆された。

2.6　まとめ

　琵琶湖における魚類とエビ類の合計漁獲量は1980年前後がピークとなっており、その時期は琵琶湖で赤潮が発生し富栄養化問題がクローズアップされた時期と重なっている。その後、富栄養化防止対策の実施により栄養塩負荷量が削減されるに従い、漁獲量も減少する形になっている。しかし、実際には水位操作規則の制定、湖岸開発、河川改修、外来魚増加など様々な影響因子が漁業資源量に関与しているため、栄養塩負荷量と漁獲量の関係のみを抜き出して解析・評価することは不可能である。

　一方、琵琶湖湖水のクロロフィル a やSSの濃度は減少傾向にあることから、植物プランクトンの現存量は栄養塩負荷量減少に伴い減少していると考えてよいだろう。魚類の現存量の変化要因を解析するうえでは、一次生産と漁業生産をつなぐ食段階である動物プランクトンの現存量と生産量（二次生産量）の長期変化を把握することが重要であり、現在、滋賀県水産試験場と滋賀県琵琶湖環境科学研究センターが連携して調査・解析を進めている。

［引用文献］

藤原直樹・一瀬　諭・若林徹哉・水嶋清嗣・野村　潔（1999）琵琶湖におけるCODの上昇と藍藻 *Aphanothece clathrata* の増殖について（1998年7月～9月），滋賀県立衛生環境センター所報 **34**: 40-46.

細谷和海（2005）琵琶湖の淡水魚の回遊様式と内湖の役割．西野麻知子・浜端悦治 編，内湖からのメッセージ―琵琶湖周辺の湿地再生と生物多様性保全，サンライズ出版，滋賀，pp.118-125.

近畿農政局滋賀農政事務所（各年）滋賀県農林水産統計.
国土交通省（2010）琵琶湖の総合的な保全のための計画調査業務報告書，p.65.
森　淳（2007）水田生態系の変質と保全のための研究・技術開発．水環境学会誌 **30**: 556-560.
中井克樹（2004）ブラックバス等の外来魚による生態的影響（特集 外来種による生態系の攪乱と水環境への影響）．用水と廃水 **46**（1）: 48-56.
中井克樹（2009）琵琶湖の外来魚問題―歴史と展望．地理 **54**（4）: 58-67.
農林水産省（2010）「販売」を軸とした米システムのあり方に関する検討会 第 15 回検討会（平成 20 年 7 月 25 日）資料 5．滋賀県における生産調整の取組みについて．
大久保卓也・藤井滋穂・今井章雄（2007）琵琶湖における水質動向と水環境保全の新たな方向性．用水と廃水 **49**（7）: 582-592.
大久保卓也・東　善広・佐藤祐一・辻村茂男・金子有子・森田　尚・大前信輔（2012）面源負荷とその削減対策に関する政策課題研究―面源負荷量の定量的把握と今後の面源負荷対策の方向性の検討―．滋賀県琵琶湖環境科学研究センター試験研究報告書 **7**: 70-86.
佐藤祐一・大久保卓也・東　善広・水野敏明・井上栄壮・永田貴丸・岡本高弘・金　再奎・木村道徳・石崎大介・亀甲武志・小松英司・上原　浩（2014）滋賀県琵琶湖環境科学研究センター試験研究報告（編集中）．
滋賀県（各年度 a）環境白書資料編．
滋賀県（各年度 b）滋賀県水産試験場研究報告．
滋賀県（2001）平成 12 年度環境省委託業務報告書　難分解性有機物浄化対策調査．
滋賀県（2012）滋賀の農業農村整備・農村振興．
滋賀県（2013）琵琶湖ハンドブック改訂版．
滋賀県（2014）平成 25 年度滋賀県の下水道事業．
　　http://www.pref.shiga.lg.jp/d/gesuido/sougoutyousei/siganogesuidoujijyou/files/2014-1.pdf
滋賀県（1991）琵琶湖水質保全対策資料．
滋賀県「魚のゆりかご水田プロジェクト」
　　http://www.pref.shiga.lg.jp/g/noson/fish-cradle/1-intention/index.html
滋賀県琵琶湖環境部（2013）平成 24 年度　滋賀県の下水道事業．
滋賀県琵琶湖研究所（1986）滋賀県地域環境アトラス．山本敏哉（2001）琵琶湖の水位が魚類に与える影響．京都女子大学自然科学論叢 **33**: 7-13.
山本敏哉（2002）水位調整がコイ科魚類に及ぼす影響．遺伝 **56**（6）: 42-46.

琵琶湖におけるプランクトンの長期変動

一瀬　諭

　琵琶湖における水質の長期的変化をみると、懸濁物質（SS）や全リン（TP）、クロロフィルa濃度などが1980年以降、減少傾向を示し、水産魚介類の総漁獲量についても顕著に減少していることが明らかになってきている（図2-12）。このことは、湖水中の窒素やリンのバランスの変化や、流入河川からの流入負荷量の減少、温暖化等による水温上昇の影響など、様々な要因が複雑に絡んでいるものと推察される（Kagami and Urabe, 2001）。

　植物プランクトンは栄養塩の供給が多ければ増え、一方で、魚介類に食べられることで減少するので、栄養塩負荷の増減や漁獲量の変動の影響を受ける。ここでは、長期的な調査結果から見えてきた植物プランクトン相の変化や、植物プランクトンと動物プランクトンの食う—食われるの関係について紹介し、それらの結果が貧栄養化と関連があるのかどうかについて考察する。

　図2-15に、琵琶湖4観測点における湖水1mL中の植物プランクトン種数の変化を示した。1980年代は30種以上の植物プランクトン種が各観測点で観察されていたのに対し、1990年代に入ると急速に減少し、2000年以降では10種程度にまで減少してきている。特に、顕著に減少したのは、琵琶湖で古くから分布していたクンショウモやスタウラストルムなどの緑藻であり、さらに、固有種で冬季に多く認められたアウラコセイラなどの珪藻も減少傾向にあることが明らかとなった（Tsai et al., 2014）。一方、新しく出現した種ではないが、総細胞容積で評価して増加してきた種としては、微細な細胞が集まって群体を形成するアファノテーケやゴンフォスフェリアなどの藍藻である（一瀬ほか，2007；図2-16も参照）。

　次に、北湖中央（今津沖中央）における植物プランクトンの総細胞容積（現存量）と、その中に占める藍藻の割合の変化について図2-17に示した。植物プランクトン現存量は、1979〜1989年までは大きな増減を繰り返しながらも経年的に減少傾向を示したが、1990年以降はやや増加傾向も認められ、2002年以降には低い値で

COLUMN　琵琶湖におけるプランクトンの長期変動

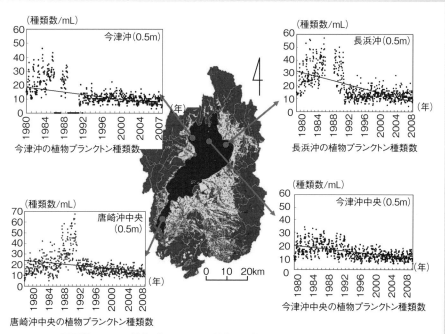

図2-15　琵琶湖における植物プランクトン種数の長期変動
（湖水1mL中の種類数、1978～2008年）

横ばいの傾向が認められた。また、**図2-17**の下の図に示した総細胞容積に占める藍藻の割合についてみると、1979～1986年までは少なかったが、1987年以降徐々に増加し、2000年以降には50％以上になる時期が認められた（Kishimoto et al., 2013）。さらに、**図2-18**に北湖今津沖中央における細胞サイズ別総細胞容積の経年変化を示した。琵琶湖では1985年以降、1細胞の細胞サイズが4,000 μm^3 以上のスタウラストルムなど大型の種が減少傾向を示し、100 μm^3 以下の小型のアファノテーケなどの種の占める割合が高くなっていることが明らかになった（Kishimoto et al., 2013）。

次に、これらの植物プランクトンが有する粘質鞘（各細胞を取り巻く無色透明の寒天質状物質）についての調査結果では、植物プランクトン総細胞容積は過去に比べ減少傾向を示すのに対し、粘質鞘の総体積は各地点で顕著に増加していることが示唆された（一瀬ほか，2013）。

COLUMN

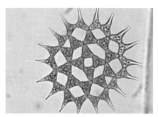
ビワクンショウモ
(*Pediastrum biwae*)

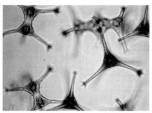
スタウラストルム
(*Staurastrum dorsidentiferum*)

アウラコセイラ
(*Aulacoseira nipponica*)

アファノテーケ
(*Aphanothece clathrata*)

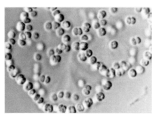
ゴンフォスフェリア
(*Gomphosphaeria lacustris*)

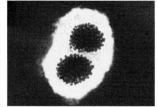
ミクロキスティス
(*Microcystis novacekii*)
墨汁着色後、白い部分が粘着鞘。

図2-16 琵琶湖で増減が目立つ植物プランクトン

　また、動物プランクトンにとってこれらの植物プランクトンが良い餌資源となっているのかについて検証するために、琵琶湖から分離し培養しているミジンコに対して、藍藻、緑藻、珪藻の中で計14種の植物プランクトンを用いて生態影響試験を行った。試験方法は、甲殻類の生態影響試験で用いられる急性遊泳阻害試験（TG202, 1984）や、繁殖阻害試験（TG211, 1994）を活用した。その結果、カビ臭を生成す

COLUMN　琵琶湖におけるプランクトンの長期変動

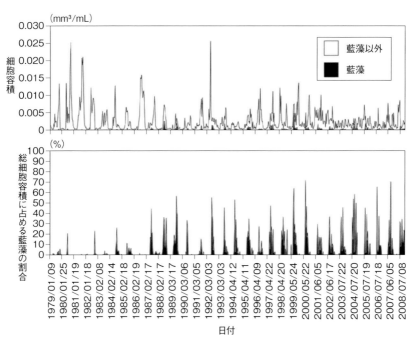

図 2-17　琵琶湖北湖における植物プランクトン総細胞容積（上）と、総細胞容積に占める藍藻の割合（下）の変化（北湖今津沖中央、水深 0.5m 層）

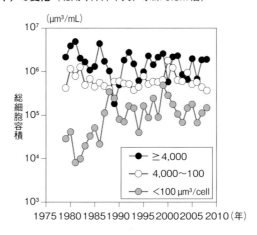

図 2-18　琵琶湖今津沖中央表層におけるサイズ別総細胞容積の経年変化（1978〜2008 年）

るような藍藻のフォルミディウムや、微細なピコ植物プランクトンはミジンコの餌としては不適であり、親ミジンコに成長するまでに斃死する個体も多かった。また、藍藻の中でも、アオコの原因となる浮上性の群体を形成するアナベナやミクロキスティスを餌として与えた場合は、ミジンコの成長は認められたものの産仔数は少なかった。これに対し、緑藻のクロステリウムや珪藻のアステリオネラは大型種であるが、ミジンコの餌として比較的優れており、産仔数も多かった（一瀬ほか、未発表資料）。

　現時点では、琵琶湖の植物プランクトン種や現存量の長期変動の原因を十分に特定できていない。しかし、富栄養化防止条例や下水道整備等によって琵琶湖に流入する栄養塩量が1980年以降、減少してきており（図2-7、2-8）、それによって植物プランクトン現存量が減少し、種組成にも影響を与えていると考えられる。また、藍藻類の増加は、動物プランクトンにとって成長阻害や繁殖阻害となっている可能性があり、動物プランクトンを餌とする琵琶湖産シジミやモロコなどの水産魚貝類にも影響を及ぼしていることが示唆される。琵琶湖のプランクトン相の変動が貧栄養化に起因しているのかどうか、さらなる検討が必要である。

[引用文献]

一瀬　諭・若林徹哉・古田世子・吉田美紀・岡本高弘・原　良平・青木　茂（2007）琵琶湖北湖における植物プランクトン総細胞体積量の長期変遷と近年の特徴について．滋賀県琵琶湖環境科学研究センター所報 **2**: 97-108.

一瀬　諭・池谷仁里・古田世子・藤原直樹・池田将平・岸本直之・西村　修（2013）琵琶湖に棲息する植物プランクトンの総細胞容積および粘質鞘容積の長期変動解析．日本水処理生物学会誌 **49**: 66-74.

Kagami, M. and Urabe, J. (2001) Phytoplankton growth rate as a function of cell size: an experimental test in Lake Biwa. *Limnology* **2**: 111-117.

Tsai, C. H., Miki, T., Chang, C. W., Ishikawa, K., Ichise, S., Kumagai, M. and Hsieh, C. H. (2014) Phytoplankton functional group dynamics explain species abundance distribution in a directionally changing environment. *Ecology* **95**: 3335-3343.

Kishimoto, N., Ichise, S., Suzuki, K. and Yamamoto, C. (2013) Analysis of long-term variation in phytoplankton biovolume in the northern basin of Lake Biwa. *Limnology* **14**: 117-128.

TG 202（1984）ミジンコ類急性遊泳阻害試験：OECD生態影響試験テストガイドライン．

TG 211（1998）ミジンコ類繁殖試験：OECD生態影響試験テストガイドライン．

第3章

瀬戸内海の貧栄養化
——その原因、プロセス、メカニズム

山本民次

3.1 はじめに

　瀬戸内海はわが国最大の閉鎖性水域であり、流域圏にはわが国の人口の約3分の1が居住している。高度経済成長期には、陸域からの物質の負荷が増大し、「瀕死の海」と言われるほど水質は悪化し、赤潮の頻発によって水産生物、特に養殖業に多大の被害が生じた。環境省（当時、環境庁）は、東京湾、伊勢湾と並び、風光明媚な瀬戸内海の水質保全のため、水質汚濁防止法に加え、「瀬戸内海環境保全特別措置法」（当初、時限立法である臨時措置法としてスタートし、後に特別措置法として恒久化）を施行した。

　これにより、有機物量の指標となる化学的酸素要求量（Chemical Oxygen Demand; COD）、全リン（Total Phosphorus; TP）、全窒素（Total Nitrogen; TN）の発生負荷量（原単位に基づいて算出した陸域での発生量）は大きく減少した（図3-1）。ここで、全リン、全窒素というのは、水の中に含まれる粒子や溶けているものをすべてまとめて測定したものである。図3-1に示されるように、発生負荷量は大きく減少し、負荷量削減策は十分に功を奏したと評価できる。

　しかし一方で、漁獲量は著しく低下し、ノリは色落ちして、黒光りするような高級品ができなくなっている。ノリは溶存無機態窒素や溶存無機態リンなどのいわゆる栄養塩を取り込んで成長するため、窒素やリンの流入負荷削減の影響を直接受けている。

第3章 瀬戸内海の貧栄養化——その原因、プロセス、メカニズム

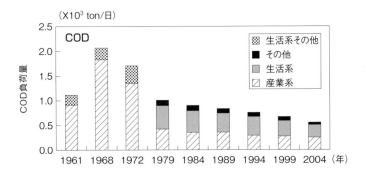

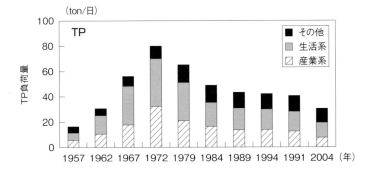

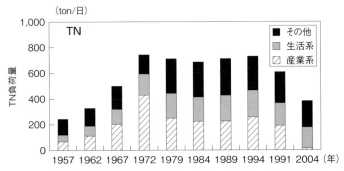

図3-1 瀬戸内海圏におけるCOD、全リン（TP）、全窒素（TN）の1日当たり発生負荷量
出典：せとうちネット http://www.env.go.jp/water/heisa/heisa_net/setouchiNet/seto/index.html をもとに作図。

3.1 はじめに

　貧栄養化の主要な原因が流入負荷量の削減にあるとして、瀬戸内海関係漁連・漁協連絡会議は、持続的漁業生産のための海域の栄養塩管理―実質的には栄養塩負荷削減の緩和―を筆頭に掲げた「瀬戸内海再生法（仮称）」の成立を要望した（図 3-2）。流入負荷の削減が最重要課題であった特別措置法は、すでに 35 年以上が経過し、その役目は十分に果たした。臨時措置法から数えると 40 年以上である。今後は、水質改善だけでなく、底質および生息生物を含めた生態系全体の健全性の回復により、かつての宝の海を取り戻すことを目標に据えた新たな法律を成立させることが必要である。

　筆者は、瀬戸内海の貧栄養化についていち早く指摘し（Yamamoto, 2003）、その後も貧栄養化の原因、プロセス、メカニズムについて、様々な角度から解析・分析をしてきた。ここでは、それら一連の検討結果について整理して述べることとする。

図 3-2　「瀬戸内海再生法」の整備に向けた要望パンフレット
出典：瀬戸内海関係漁連・漁協連絡会議

3.2　富栄養化と貧栄養化

　物質の負荷が増大してゆく過程である「富栄養化」は誰にも理解しやすかった。つまり、栄養塩等の負荷量が増大することで、海水中の栄養レベルが上がり、植物プランクトンが増加し、しばしば赤潮となる。したがって、このことに対する対策はまずは流入負荷の削減であり、それは当然とるべき対策であった。

　しかし、流入負荷の削減にともなって、どのような変化が海洋生態系で起こるのかということについて、我々は十分な知識と経験を持ち合わせていなかった。そもそも、「富栄養化」と「貧栄養化」という言葉の定義さえ厳密ではない。もちろん、文献をひもとけば、このことについて述べた文献はいくつか見つかる（例えば、Nixon, 1995）。しかし、それらのほとんどは「富栄養」あるいは「貧栄養」という「状態」を定義したものである。その基準は様々で、植物プランクトン量の指標であるクロロフィル a 濃度であったり、リンや窒素の濃度であったりする。一方、「富栄養化」、「貧栄養化」という「プロセス」を説明したものは皆無と言ってよい。というよりも「富栄養」、「貧栄養」という状態と、「富栄養化」、「貧栄養化」というプロセスを区別できていないのが実情である（山本・川口，2005）。

　とは言っても、「風が吹けば桶屋が儲かる」のように、貧栄養化というプロセスにおいて、生態系の中で起こる一連の連鎖反応を考えるというのは、実はかなり高度なことであり、海洋生態系の研究に携わっている専門家でも、生態系のダイナミクス、いわゆる物質循環を定量的に研究したことのない人には理解が困難なことのようである。

　最も身近な例として、水がきれいか汚いかということと生物生産の関係である。一般の人々が望む水質とは、通常、見た目の透明度の高さである。つまり、澄んだきれいな水ほど好ましいと思っている。しかし、通常、水がきれいであるというのは、植物プランクトンが少なく、そのことは魚類生産も低いことにつながる。ことわざにもあるように、「水清ければ、魚棲まず」である。ただし、水の透明度というのは、厳密には植物プランクトンだけでなく、鉱物粒子や生物の遺骸破片（デトライタス）などの量にも影響を受けるので、注意が必要で

ある。

　一方、少しでも水圏環境学あるいは水圏生態学をかじったことがあれば、透明度が良くなることのみを望むことが間違いであることに気づくはずである。つまり、栄養分を負荷すれば富栄養になるが、その結果、魚介類もよく育つからである。逆に、栄養分を減らせば、海はきれいになるが、魚介類は減る。これは、農業で作物を育てるのに、肥料を使うことからわかることである。私は講義で、「きれいな水を望むのであれば、地の美味しい魚は食べられないと思え」と教えている。陸と海が違うと思うのは間違いである。これは極めて普通のことである。

　このように書くと、「沖縄の魚は美味しくないのか？」という質問が来る。これは重要な視点である。透明度の高い海域の魚介類がまずいわけではない。天然モノが旨い理由は、それなりにある。通常、何万匹と生まれる稚魚の中で、弱い個体は生き残れない。つまり、成体まで成長して漁獲される個体は、その群集の中では強く極めて優秀な個体なのである。また、美味しい・まずいというのは、食文化の問題もあり、なかなか簡単ではない。基本的に、透明度が高くて漁獲が得られるというのは、需要と供給のバランスに依存することのほうが大きい。資源量に対して、食べる側の人口が少なければ、肥料を与えて資源量を増やす必要はない。逆に、都市域の胃袋を満たすほど大量に捕ろうとすれば、上述の通り、肥料が必要となるわけである。

3.3　瀬戸内海における透明度と赤潮発生件数の推移

　大阪湾や播磨灘のように、流入負荷が著しく増大した高度経済成長期に水質が極端に悪化した海域では、最近の約30年間の透明度の上昇は極めて顕著で、3 m程度の上昇が見て取れる（**図 3-3a**；瀬戸内海総合水質調査, http://www.pa.cgr.mlit.go.jp/chiki/suishitu/index.html）。しかしながら、もともと水質が悪くなかった海域（主に瀬戸内海西部海域）での同期間の透明度の上昇は2 m程度あるいはそれ以下と、それほど大きくはない（**図 3-3b**；山本ほか, 2011）。

　後述するように、透明度は水柱内にどれだけ深くまで光が届くかということ

第3章 瀬戸内海の貧栄養化──その原因、プロセス、メカニズム

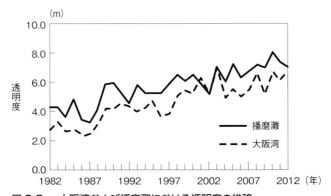

図 3-3a　大阪湾および播磨灘における透明度の推移
出典：瀬戸内海総合水質調査データ http://www.pa.cgr.mlit.go.jp/chiki/suishitu/index.html より作図。

の指標であり、平均値として1m上昇することは、温暖化で1℃水温が上昇するくらい、生態系に大きな影響を与えると想像される。

　2004年秋の某学会で、私が瀬戸内海の貧栄養化について発表した際には、「瀬戸内海はハワイの海のようにきれいではない。漁獲量が落ちているのは、貧栄養になったからではなく、富栄養を通り越して過栄養になったからだ」という極めて強い反論があった。確かに「ハワイの海」にはほど遠いが、データが示しているのは透明度の明瞭な上昇であり、過栄養でないことは明らかである。そもそも瀬戸内海とハワイという生態系の特性がまるで異なる海域を比べること自体、無理がある。透明度のデータが示すように、瀬戸内海の貧栄養化は、私がそれを指摘した2000年代初頭からすでに明らかだった。

　透明度は海水中で藻類が光合成をするのに必要な光がどこまで届いているかを示す指標であり、藻類が光合成を行えるだけの光の強さが得られる最大水深までを「有光層」という。例えば、広島湾での測定結果では「有光層＝透明度×2.8」（橋本・多田, 1997）なので、**図3-3**で示されたように、透明度が2m上昇すれば5.6m、3m上昇すれば8.4mも余計に深くまで光が届くことになる。これは生態系の生物生産構造に大きな影響を与えているはずである。

　赤潮の多くは植物プランクトンの異常発生によるものであり、水域の富栄養化の一つの表現形と言ってよい。瀬戸内海では、富栄養化の進行に伴い、1976

3.3 瀬戸内海における透明度と赤潮発生件数の推移

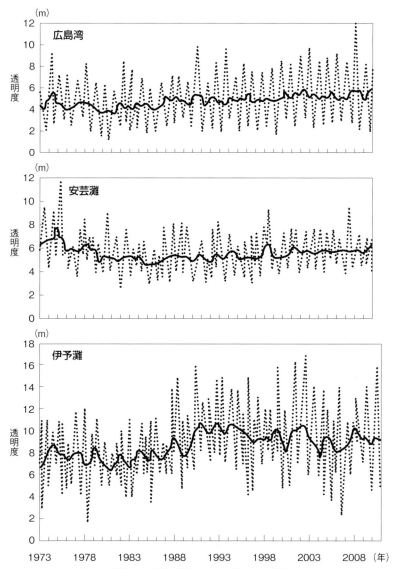

図3-3b 広島湾、安芸灘および伊予灘における透明度の推移
太線は13カ月移動平均。
出典：山本ほか（2011）

第3章　瀬戸内海の貧栄養化——その原因、プロセス、メカニズム

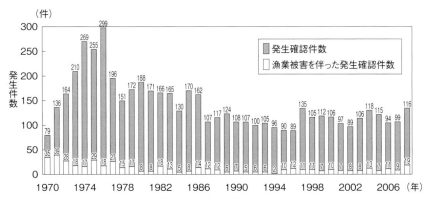

図 3-4　瀬戸内海における年間赤潮発生件数の推移
出典：せとうちネット http://www.env.go.jp/water/heisa/heisa_net/setouchiNet/seto/index.html

年のピーク時には年間約 300 件の赤潮が記録された（**図 3-4**）。それが、流入負荷の削減により、現在では約 100 件程度である。この値がまだ多いと考え、さらに総量規制を進めるべきという意見も最近まで聞かれたが、魚類養殖業者を除き、今では少数意見となった。魚類養殖だけは人為的に餌を与えるので、貧栄養化しても関係なく行えるし、赤潮による被害のほうが心配なのである。

確かに、次節で述べるように、現在の流入負荷量のレベルであれば、もっと赤潮の件数は少なくてもよい。この原因はまだ十分解明されていないが、少なくとも大規模な赤潮はほとんど見られなくなっており、小規模なものがほとんどである。そういう意味では、小規模な赤潮も見逃さないほど、赤潮監視が行き届いているということかもしれない。あるいは、光が深い層まで届くようになったことが、原因の一つかもしれない。また、海色の変化に至らないまでも、有毒プランクトンの発生はいまだにあり、これらの生物は上位の生物に摂食されず、食物連鎖に組み込まれないため問題である。

瀬戸内海の貧栄養化については、先に述べた通り、すでに 2003 年に『Marine Pollution Bulletin』という海洋環境分野の有名な雑誌に論文として発表していたが（Yamamoto, 2003）、英語論文ということもあって、それほど多くの日本人研究者が読んでくれていたとは思えない。実はその当時は、「貧栄養化」ということについて、国内の学会での認知度は極めて低く、低いばかりでなく理解する前に反論する研究者が大半を占めていた。したがって、国内の学術雑誌

に投稿しても、そのような研究者に論文の査読が回れば、まず受理（accept）されないだろうと私は踏んでいた。そこで、国際誌に投稿した。それは全く正解であった。今でも覚えているが、査読者・編集者とも、「非常に興味ある論文である」ということで大きな賛辞をもって、ほとんど手直しすることなく、受理されたのである。

3.4　流入負荷量の増減と生態系のヒステリシス応答

　瀬戸内海が貧栄養化した一番の原因は流入負荷削減である。すでに、**図 3-1** に示したように、ピーク時の発生負荷量に比べて、COD で約 4 分の 1、TP で約 3 分の 1、TN で約 2 分の 1 まで減少している。環境省の集計では、COD、TP、TN とも「発生負荷量」（原単位に基づいて算出した陸域での発生量）であり、実際に海に流入する量と全く同じではないが、流入負荷が大きく減少したことは想像に難くない。

　漁業生産量は、1986 年をピークに大きく減少した（**図 3-5**）。漁業生産量がピークに至るまでの富栄養化進行期には、赤潮が多発し、特に瀬戸内海では魚

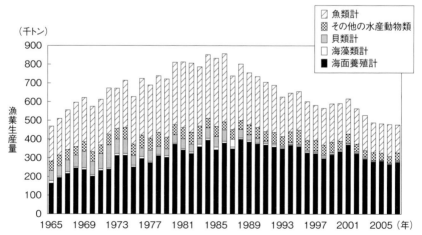

図 3-5　瀬戸内海における漁業生産量の推移
出典：せとうちネット http://www.env.go.jp/water/heisa/heisa_net/setouchiNet/seto/index.html

第3章 瀬戸内海の貧栄養化——その原因、プロセス、メカニズム

類養殖が盛んなため、大規模な赤潮の発生は魚類養殖に対して大きな損害をもたらした。もちろんそれだけでなく、赤潮の色調は種によっては極めて毒々しい色のものがあるため、当時は毎日のようにマスコミを賑わした。しかし、一方で漁獲量はピークに達したことがほとんど報道されていないことが大きな誤解を生んでいるように思う。富栄養化すれば魚は捕れるのである。ただし、富栄養化してよく捕れたのはいわゆるイワシなどの多獲性魚であり、これらは生態効率が高く、再生産速度が速い種類である。ちなみに、生態効率とは、ある食段階の生物群を考えた場合、それらに入ってくるエネルギー（a）と上位の食段階に移行するエネルギー（b）の比（b/a）のことである。

　水域が富栄養化すれば魚が増えるということは、陸水学やダム湖研究においては一般論である。水が堰き止められると、水の滞留時間が長くなるだけでなく、そこに流入する窒素やリンの滞留時間も長くなる（図3-6；山本, 2006）。そのため、窒素やリンは繰り返し一次生産に使われ、動物プランクトンなどの消費者を通じて、魚類の生産を上げる。したがって、ダム湖などの閉鎖性水域では、必ずしも流入負荷量が増えなくても物質の滞留時間が長くなる

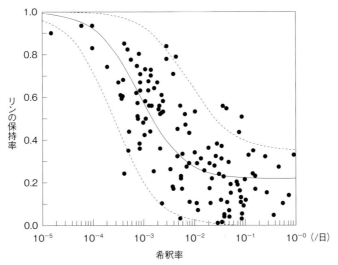

図 3-6　湖沼における異なる希釈率（湖水の交換率）でのリン保持力の違い
実線は平均値、破線は95％信頼区間。
出典：山本 訳（2006）

ことで富栄養化する。

しかし注意が必要なのは、ダム湖では、図 3-7 が示すように、富栄養化は長くは続かず、いずれは貧栄養化に転ずるということである（Stockner *et al.*, 2000）。その最大の原因は、ダム湖内で増殖したプランクトン（主に植物プランクトン）の遺骸が湖底に沈降・堆積して、上層水中に物質が回帰する量が減るためである。プランクトンの遺骸由来の有機物は水中に酸素があるうちは好気分解されるが、水中の溶存酸素量はもともと少ないので（通常 10 mg/L ≒ 0.001％程度で、大気中での約 20％に比べると極めて少ない）、水深が深いダム湖などでは上層で生産されて沈降した有機物の分解により、湖底が容易に貧酸素化する。酸素不足では有機物は十分に分解されずに湖底に堆積することとなり、さらに上から有機物が堆積することで、堆積物中にはますます酸素が行き渡りにくくなる。このような状態では、酸素を使わない嫌気分解が卓越することになる。嫌気分解は好気分解に比べると 1 桁くらい分解速度が遅いので、上層水中に栄養塩が回帰する量が減る。ただし、完全に無酸素状態になり、還元的になると、粒子に吸着していたリンは脱着して溶出する。また、窒素もアン

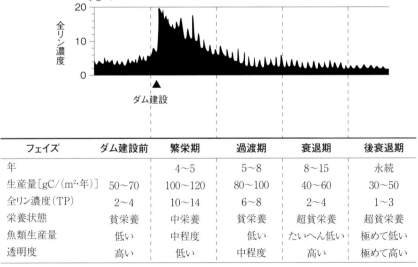

フェイズ	ダム建設前	繁栄期	過渡期	衰退期	後衰退期
年		4〜5	5〜8	8〜15	永続
生産量[gC/(m²・年)]	50〜70	100〜120	80〜100	40〜60	30〜50
全リン濃度（TP）	2〜4	10〜14	6〜8	2〜4	1〜3
栄養状態	貧栄養	中栄養	貧栄養	超貧栄養	超貧栄養
魚類生産量	低い	中程度	低い	たいへん低い	極めて低い
透明度	高い	低い	中程度	高い	極めて高い

図 3-7　ダム建設に伴うダム湖内の全リン濃度の変化
出典：Stockner *et al.*（2000）

モニアの形で溶出する。これらの関係とバランスはかなり複雑である。沿岸域でも同様のことが起こっていることを後で述べる。

さて、瀬戸内海では、富栄養化して魚が多く捕れていたときとは対照的に、環境保全のための施策として流入負荷を削減して魚が捕れなくなった訳であるから、これは明らかに「人為的貧栄養化」である。すでに、流入負荷削減をわが国より先に進めていた欧州では、このことに関する論文はいくつか発表されており、彼らは"cultural oligotrophication"と称している（例えば、上述のStochner et at., 2000）。この"cultural"を「人為的」と訳したのはたぶん私自身であろう（山本，2004）。すでに10年ほど前のことなので、はっきりとは覚えていない。

Stockner *et al.*（2000）が指摘しているように、人為的貧栄養化の原因はいくつか挙げられる。(1) 下水処理場の設置、(2) ダムの建設、(3) 河川の流路変更、(4) 森林伐採、下草刈り、植生除去、(5) 湿地の排水や水路整備、(6) 魚類遡上の阻止、(7) 湖水、河川水の酸性化、(8) 長期の気候変動（地球の温暖化）、である。これらの中で、瀬戸内海の貧栄養化に大きく寄与したのは、(1) と (2) であり、Stocknerらは挙げていないが、沿岸域の埋め立てが、それにプラスされると筆者は考えている。このことについては後述する。

さて、瀬戸内海が経験した富栄養化の過程とそれに続く貧栄養化の過程は、生態学で言われてきた現象―ヒステリシス―をそのまま具現化している。「ヒステリシス」（hysterisis）とは、辞書を引くと「前歴」などという訳が当てられており、例えば"hysterisis curve"など、それまでの影響（前歴）を引きずった状況を表す反応曲線のことである（p.131、第5章の **BOX** 参照）。

図 **3-8** を見ていただきたい。これがヒステリシス曲線である（Scheffer, 1989）。この図では横軸に栄養塩負荷量、縦軸にタイ科魚類（bream）の漁獲量が描かれている。負荷量が次第に増えてゆく富栄養化の過程では、タイの漁獲量が下に凸の形で上昇する。しかし、負荷量を下げていくと、同じ曲線ではなく、今度は上に凸の形の別の経路を辿って漁獲量の低下が起こり、いずれは初期の点に戻る。貧栄養化の後半での漁獲量の低下は急激なので、そのようなことが現実で起これば、漁業者は大きな危機感を持つはずである。

図 **3-9** は、実際に瀬戸内海のデータをプロットしたものである。図 **3-9(a)**

3.4 流入負荷量の増減と生態系のヒステリシス応答

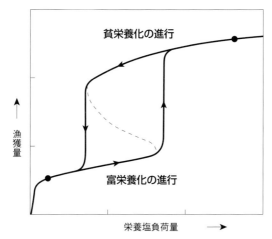

図 3-8　富栄養化進行期と貧栄養化進行期に現れるヒステリシス
出典：Scheffer（1989）

は横軸にリンの流入負荷量、縦軸に赤潮発生件数であり、**図 3-9(b)** は横軸は同じで、縦軸が漁獲量である。残念なことに、横軸のリンの流入負荷量のデータが5年ごとの集計値しかないため、1976年の赤潮ピーク時のデータ（漁獲量もピーク）がプロットされていない。それらの年度の値を想像していただくと、さらにきれいなループ状のヒステリシス曲線になりそうである。

　瀬戸内海が経験したヒステリシス曲線が、Schefferが示した理想的な曲線と大きく異なる点は、漁獲量が1950年代のレベルに戻らず、それ以下まで低下したことである。この点、1994年頃の漁業の状況は極めて危機的であったが、漁業者も何が原因かわからず、政府に対しても声を上げようがなかった。1990年代後半〜2000年台初頭は、先に触れた通り、漁獲量の低下は過栄養が原因であるという真逆の意見のほうが強かったくらいなので、学会としても科学的解析などできていなかった。

　図 3-9 はリンの負荷量に対する解析しかできていないので、1994年以降、Schefferが示した理想的なヒステリシス曲線と異なり漁獲量が急激に落ち込んだ理由は、それ以外に原因がある可能性を示唆している。例えば、よく言われるように、魚類の産卵や稚魚の保育場として重要な藻場の面積の減少などが関係しているかもしれない。浅場の埋め立ては藻場や干潟の面積を減少させた

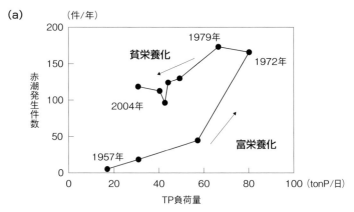

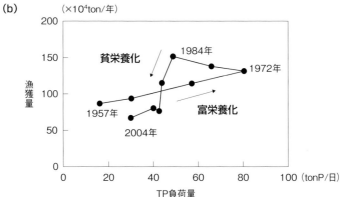

図3-9 瀬戸内海のTP負荷量と赤潮発生件数（a）、およびTP負荷量と漁獲量（b）に見られたヒステリシス
出典：Yamamoto (2003) をもとに再作図。

し、後述するように、護岸工事は底質からの栄養塩の回帰量を低下させ、底質をヘドロ化させた。

　先にも述べたように、富栄養化の過程で増えた魚種は栄養要求が大きく、再生産サイクルの短い多獲性魚種であった。一方、貧栄養化の過程では、餌不足が起こり、飢餓に耐えられる魚種が生き残ることになる。この点、餌の選択性が低く、何でも食べる魚種で、かつ栄養要求量は低いが、再生産サイクルが長い魚種に移行する過程と言えるかもしれない。

　底層の貧酸素状態がなかなか解消しないことや、3.10節で述べるように、劣

化した底泥中で発生する硫化水素は、魚の餌となる底生生物（ベントス）の生息量を減少させ、再生産サイクルの長い魚種の復活・再生を阻害する要因となっていると考えられる。

3.5　物質の負荷と分布の空間的偏り

　河川を経由して海に届く物質の量を定量化する場合には、発生負荷量の何割が届くかという「流達率」を流域ごとに算定しなければならない。流達率は、物質がもし河川中で浄化作用を受ければ1を切るが、逆に河川から物質が出てくることで1を上回る場合もある。河川経由の物質の負荷量は基本的に流量依存であるが、流量 Q に対する物質の負荷量（L）が必ずしも直線関係とは限らないので、通常、$L = aQ^b$ で表す。これによって、低流量あるいは高流量の時にそれぞれ、浄化されるのか負荷されるのかという河川ごとの特徴がわかる。

　また、陸域で発生する物質が河川を経由しない場合もある。例えば、海岸沿いの埋め立て地に立地する工場からの排水は、河川を経由せず直接海に出る。このようなことから、実際に瀬戸内海に流入する物質の負荷量を算出することは容易ではない。

　筆者は、各河川から瀬戸内海各湾・灘に入る淡水流入量および窒素・リンの流入負荷量について、1991年および1992年について見積もった（山本ほか, 1996）。一級河川の流量は、自動観測装置で連続的に測定されたデータが「流量年表」として毎年発行されている。ただし、データのクオリティチェックを行うため、公開は通常2年遅れである。河川水中のCOD、TN、TP濃度は、環境省の「公共用水域水質調査」として行われており、各県の環境部に個別にお願いして入手した。「行政機関の保有する情報の公開に関する法律」いわゆる「情報公開法」が制定されたのが1999（平成11）年なので、当時、これらのデータを各県から開示していただくのは極めて大変だったことを覚えている。

　「一級河川」というのは国が管理する河川のことであり、一般的には県境を跨がる大きな河川の場合が多いが、必ずしも大きい河川とは限らない。地方自治体が管理するだけの体力がない場合など、中小河川でも一級河川であることもある。その他の河川は「二級河川」であり、県が管理している。二級河川に

第3章 瀬戸内海の貧栄養化——その原因、プロセス、メカニズム

なるとモニタリング・データは一気に少なくなる。その場合、流量は一番近い一級河川の流量を用い、それぞれの河川の流域面積の比から見積もる。つまり、隣り合うそれら二つの河川の集水域では同じような雨の降り方であるというこ

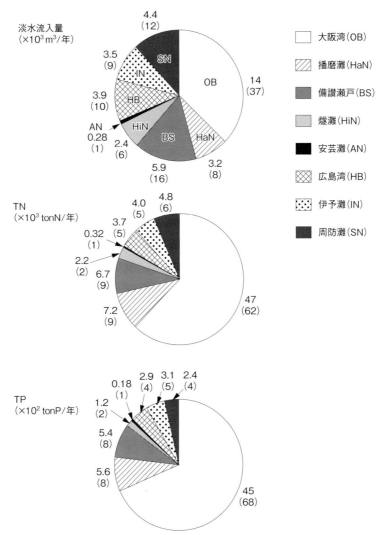

図3-10 瀬戸内海各湾・灘に対する河川経由の淡水流入量、全窒素および全リン負荷量
（ ）の中の数字は％を示す。
出典：Yamamoto et al. (2004)

とを前提として見積もるわけである。

結果は**図 3-10** に示す通りで、瀬戸内海全域を 100 とすると、1991 年と 1992 年の平均として、大阪湾に流入する淡水が 37％であるのに対して、窒素・

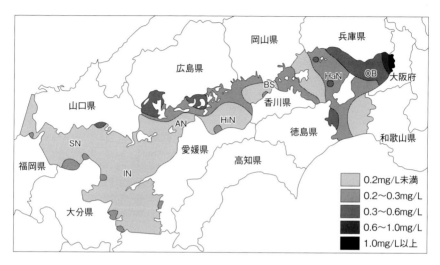

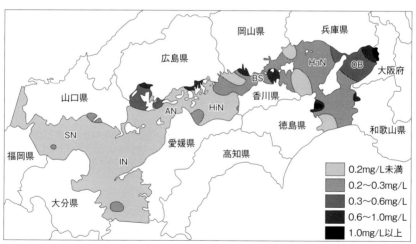

図 3-11　2008（平成 20）年の夏季表層における全窒素（TP）濃度（上図）および全リン（TP）濃度（下図）の水平分布
海域中のアルファベットは灘区分を示し、図 3-10 の凡例と同じ。
出典：せとうちネット http://www.env.go.jp/water/heisa/heisa_net/setouchiNet/seto/index.html を一部改変。

リンは圧倒的に多く、それぞれ62％および68％を占める（Yamamoto et al., 2004）。逆に大阪湾以外の海域に対する窒素・リンの流入負荷量は淡水流量の割には小さいことがわかる。それでもなお総量規制を続けたことで、大阪湾以外の海域で水産業に影響が出始めた。その後約10年が経過し、「第6次水質総量規制のあり方」（中央環境審議会答申，2005）において、「窒素やリンも適度であれば漁業にプラスであり、澄んだ海と魚の豊富な海は必ずしも両立しない」ことが認識され、「大阪湾を除く瀬戸内海での規制強化は見送る」という判断を行った。

海域のTN・TP濃度は、流入負荷量に依存し、大阪湾奥部で局所的に高く、播磨灘や紀伊水道でもある程度高い傾向にある（図3-11：せとうちネット，http://www.env.go.jp/water/heisa/heisa_net/setouchiNet/seto/index.html）。近畿圏に瀬戸内海圏の人口の約3分の1が集中し、特に負荷量が大きい淀川水系をはじめとして、陸域負荷がこれら西部海域の海水中窒素・リン濃度を押し上げるのは当然の結果である。

しかし、その一方で、それらを除く瀬戸内海中央部から西部海域にかけての窒素濃度はかなり低いことに注目すべきである。そもそも後述するように、大阪湾以外の海域では、総量削減を続けてきたにもかかわらず、海域の窒素・リン濃度はほとんど変化がないということが長年の謎であった。当時は、流入負荷削減をすれば、海域の濃度も下がって当然という考えだったようである。しかし、西部海域ではもともとの濃度自体がそれほど高くはなかったのが実態であり、それを瀬戸内海全体が閉鎖性海域であるという位置づけで、瀬戸内海全体に対して総量削減を行ったことがそもそもの間違いであった。したがって、「大阪湾を除く瀬戸内海での規制強化は見送る」という2005年の判断は、タイミングとしてはやや遅かったが、正しい判断だったと言える。

3.6 ストックとフロー

流入負荷量が大きく削減されてきたことは環境省の発生負荷量のデータから明らかであるが（図3-1）、大阪湾を除き、海域の物質濃度がほとんど変化しないということが大きな疑問であった（図3-12）。それどころか、図3-12

3.6 ストックとフロー

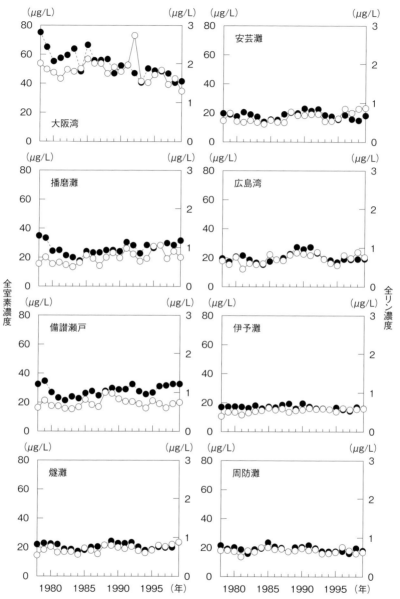

図3-12 瀬戸内海各湾・灘における海水中全窒素・全リン濃度の推移
○：全窒素濃度、●：全リン濃度
出典：Yamamoto et al. (2004)

をよく見ると、播磨灘、備讃瀬戸、安芸灘、広島湾などでは、わずかであるが、濃度が上昇しているように見える。総量削減を進めてきた環境省あるいは検討委員会の根底にあった考え方としては、流入負荷を削減すれば、海水中の物質濃度もそれにつれて低下するはず、というものであった。たぶん、環境省だけでなく、多くの研究者もそのように考えていたに違いない。総量削減をしているにもかかわらず、海域の物質濃度がなかなか下がらなかったため、第3次～5次の総量規制は、窒素が総量規制項目に加わるなど、毎回厳しくなっていったように思われる。

　窒素・リンの流入負荷を削減しても、期待通りに海水中の窒素・リン濃度が低下しないという一見不思議な現象を理解するためには、「ストック」と「フロー」の概念で考えると理解しやすい。例えば、コンビニエンスストアの商品の数を想像していただきたい。今日、近くのコンビニに買い物に行ったら、牛乳パックが10個あった。翌日、買い物に行ったら、やはり10個あった。これを見て、このコンビニの牛乳は1個も売れていないと考える人はほとんどいないであろう。なぜなら、コンビニは商品の管理システムが充実しており、少しでも商品に不足が生じれば、すぐに補充されるからである。

　瀬戸内海で起こっていることはコンビニで起こっていることと良く似ている。海水中の窒素とリンの量（濃度）も、流入（インフロー）と流出（アウトフロー）のバランスで決まる。つまり、**図3-13**に示すように、富栄養化が著しかった頃（a）に比べ、総量規制によりインフローが減り、アウトフローのみ同じならば、海域内のストックであるTN・TP量は減ることになるので、それは現実とは異なるので間違いであり（b）、海水中のTN・TP濃度が流入負荷量の削減を行ったにもかかわらず変化がないということは、(c)のように、アウトフローもインフローと同様に減っていないとつじつまが合わない。

　ここで、アウトフロー（系外への物質の流れ）の中身は一体何だろうか。大きくは二つ考えられる。その一つが、漁獲量の減少である。漁獲量はフローではなく、ストックと思われる人が多いかもしれないが、その単位は通常「年間漁獲量」などであって、時間の単位を含むフローなのである。窒素・リンの流入負荷を減らせば漁獲量が減るということは理解できるとしても、海水中のTN・TP濃度が減らないことは、やはり簡単に理解できるものではないかも

3.6 ストックとフロー

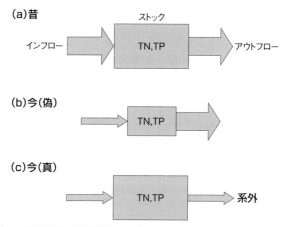

図 3-13 瀬戸内海の貧栄養化を理解するためのストックとフローの関係
(a) は過去の状況、貧栄養化により大阪湾を除く海域では海水中の TN・TP 濃度は減少していないので (b) ではなく、インフローの減少につれてアウトフロー（系外）も減少しているはず。

しれない。この点は、さらにロトカ・ボルテラモデルによる説明を後で行う。

ただし、貧栄養化が漁獲量を減少させた原因の一つであるとしても、これが必ずしも100%説明するものではなく、原因はほかにも考えられる。例えば、北太平洋全体で生じている魚類の種交替（複数の種が交互に増加あるいは減少し、主要な種が入れ替わる現象）や現存量の変化あるいは海洋生態系構造の変化として知られる「レジームシフト」（川崎, 2009）が、瀬戸内海に少なからず影響を与えていると考えられる。また、瀬戸内海では常に過剰な漁獲圧のもとで漁業が行われているので、乱獲が原因だという人もいる。この点については後述する。いずれにせよ、考えられる原因のそれぞれがどれだけ寄与しているのかということを定量的に明らかにするのは簡単ではない。

二つ目のアウトフローは、底泥への物質の蓄積（堆積）である。この部分が減っている可能性がある。星加が1980年代に精力的に ^{210}Pb 法により測定した瀬戸内海の堆積量は、多いところ（大阪湾中央部）で年間 0.8 g/cm^2 である（星加, 2008）。表層堆積物の密度を 1.6 g/cm^3 とすると（鉱物が多い場合は 1.9 g/cm^3 程度であるが、有機物含量が高い場合、この程度）、年間 5 mm ほどの堆積があることになる。海域では増殖した植物プランクトンの枯死細胞やそ

の他の生物の糞粒などが堆積するが、この量が減っていると考えられる。**図3-4**に示したように、海域での有機物負荷の大きな原因の一つと考えられる赤潮発生件数は、ピーク時（1976年）に年間約300件あったが、現在では3分の1の100件程度に減少している。また、河口部では陸から直接負荷される粒子が多く堆積するが、陸域からの有機物の負荷は**図3-1**から推察されるように、大きく減少しているはずである。

水柱から海底への有機物負荷が少なくなれば、その分、分解されて水柱へ回帰する栄養塩のフラックスも低下するのは当然である。この点についての研究も一部で進められている。

3.7 無機栄養塩の減少

瀬戸内海の貧栄養化の進行において、特徴的なことは、無機栄養塩類の負荷の減少が著しいことである。藻類の中には、例外的に溶存有機物を利用する種もあるが、基本的には無機栄養塩類であり、溶存無機栄養塩は藻類の成長には欠かせないものである。藻類の生産（一次生産）の減少は当然、魚介類生産量の減少につながる。TPの減少のほとんどが無機栄養塩と言われるリン酸態リン（Dissolved Inorganic Phosphorus; DIP）の減少によるものであることについて、以前、著者は広島湾に注ぐ太田川のデータで示した（**図3-14**；山本ほか，2002）。

総量削減はTN、TPが対象であるが、削減の具体的な取り組みとしては、下水処理場の完備や工場排水からのこれらの物質の除去である。TN、TPというのは窒素およびリンのトータルであり、その中身としては粒状物質もあり、溶存物質もある。いずれも、有機物と無機物の両方を含んでいる。粒状物質はフィルターを使って取り除くことができる。しかし、溶存物質をどのように処理するかといえば、例えばリンの場合は、カルシウムと結合させてリン酸カルシウムとして沈殿させる。窒素の場合は、酸化槽でエアレーションを行ってアンモニアを硝化して硝酸に変え、これを還元槽に入れて脱窒することで窒素ガスとして除去できる。これらはいずれも、無機態の窒素・リン、つまり栄養塩類を取り除くという工程である。

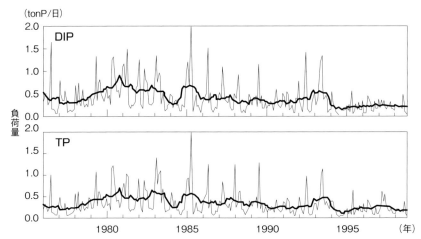

図 3-14 広島湾に注ぐ太田川からの溶存無機態リン（DIP）と全リン（TP）の経年変動
太線は 13 カ月移動平均。
出典：山本ほか（2002）

　周防灘はもともと清澄な海域であった。一級河川としては山口県側から注ぐ佐波川と大分県から注ぐ山国川くらいであり、この海域に注ぐすべての河川およびその他陸域からの直接負荷の合計量は、降雨による負荷量の 2 倍程度であり、大阪湾のように河川負荷が降雨による負荷に比べて 2 桁も大きい海域とは異なる（Yamamoto et al., 2008）。このような特徴を持つ周防灘に対しても、瀬戸内海を一つの閉鎖性海域であるとして、総量規制が行われてきた。その影響は漁獲量の減少、特にアサリの漁獲量に大きく影響したと考えられる。アサリの漁獲量の減少には、ナルトビエイ等の捕食をはじめとするいくつかの要因も挙げられている。このような食害が主因であるという主張もあるが、数値モデルで解析する場合には、生物量の増減は簡単に言えば（増殖 − 捕食）なので、貧栄養化によって増殖の項が相対的に小さくなれば、捕食（食害）が目立つのは当たり前である。ただ、どちらがどれだけ増えたか減ったかという定量的な解析は、今のところ満足にはできていない。

　周防灘の栄養塩濃度についてモニタリングされてきた山口県のデータを解析して、驚くべき結果を得た（**図 3-15**；山本・和西, 2010）。リンの削減指導が始まった 1970 年代から 1995 年まで、DIP 濃度は約 0.22 μM から約 0.13 μM

第3章　瀬戸内海の貧栄養化——その原因、プロセス、メカニズム

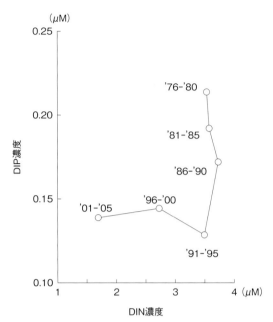

図 3-15　山口県側周防灘海水中における溶存無機態窒素（DIN）および溶存無機態リン（DIP）の変化
5年ごとの集計。
出典：山本・和西（2010）

まで一直線に低下し、1995年以降は今度はDIN濃度が約3.5 μMから約1.5 μMまでまっすぐに低下していることがわかった。前者はリンの削減指導がなされた期間と一致し、後者の始まりの1995年は窒素の削減指導が始まった年なのである。TN、TPを見ている限りはわからなかったが、DIN、DIPのデータには明確に負荷量削減の影響が見て取れるわけである。これをもって、「人為的貧栄養化」と呼ぶことに誰も異論はないであろう。

　総量規制が周防灘の栄養塩濃度の変化に明瞭に反映していることがわかったが、海域の栄養塩濃度を低下させる要因はほかにもある。Stockner（2000）の指摘にもあるように、ダムの建設によっても海域への栄養塩の負荷量が減少することを付け加えておきたい。ダムは水を貯めるだけでなく、土砂や栄養塩もダム湖底に貯留する。栄養塩がダム湖底に貯留されるのは、ダム湖内で淡水産の植物プランクトンが栄養塩を摂取して湖底に沈み、栄養塩の少ない水が放流

78

されるからである。つまり、下流に位置する海域には、ダム建設前に比べて栄養塩濃度の低い水が供給されることになる。さらに、砂粒子が流下しなくなれば、河口に形成される干潟は後退する。砂粒程度の粒子であれば透水性があるので、底質中の有機物の酸化分解が進むが、微細な粒子が堆積すると、底質が還元的となり、硫化水素の発生などから生態系全体の崩壊につながる。

3.8 物質収支の計算

先に述べた、ストックとフローについて、もう少し議論を厳密にするには、実測データを用いた物質収支計算を行う必要がある。ボックスモデルを適用することで、実際にどれだけの負荷があり、どれだけ海域内部で循環し、どれだけの物質がどこへ行くかがわかる。この解析を月1回の長期のモニタリング・データを用いて行うことで、海域の生産性に関する長期変動が理解できる。ここでは、広島湾北部海域（宮島と江田島に挟まれた奈佐美瀬戸以北のエリア）に対して、上下二層のボックスを設定し、隣接する南部海域と呉湾を境界領域として計算した結果を示す。

データは1987～1997年の11年間である。太田川その他の河川の流量と窒素・リンの負荷量の見積もりは3.5節に述べた通りである。また、海岸に立地した工場等からの負荷量は、環境省による原単位法と河川水経由の負荷の差から平均値を算出した。さらに、降雨・蒸発とそれによる負荷を考慮した。湾口部（奈佐美瀬戸）における水の出入りは水と塩分の収支計算で求まるので、それに湾口部の窒素・リンのデータを掛けて、湾口部での物質の出入りを計算した。詳細は原著（Yamamoto et al., 2005）を参照されたい。また、計算方法については、LOICZ-Biogeochemical Modelling Node（http://nest.su.se/mnode/）にマニュアル化されているので参照されたい。

この方法で求まるのは、純生態系代謝量（NEM; Net Ecosystem Metabolism）と純脱窒量（ND; Net Denitrification）である。計算対象としたボックス内には様々な生物が生息し、それらの相互作用あるいは無機的環境との物質のやりとりもある。具体的に挙げれば、藻類は栄養塩を取り込んで光合成生産（一次生産）を行い、増えた藻類は動物に食べられる。また、生物の遺骸あ

るいは糞・尿などはバクテリアによって分解・無機化される。つまり、これらの差（生産 − 分解・呼吸）が NEM である。

　代謝というのは通常、生物個体に対して使われるが、このように生態系全体の代謝についても同様に適用される。この方法は、計算対象とするボックスで表される生態系内に生息する個々の生物の働きの一つ一つはわからないが、総体としての代謝がプラスかマイナスかを物質収支から計算するものである。すなわち、NEM がプラスであれば、生産が消費を上回っており、系全体として生産的であるということになり、その逆は非生産的であると解釈される。また、ND がプラスであれば、脱窒がその反対のプロセスである窒素固定を上回っており、その逆であれば、窒素固定が脱窒を上回っていることを示している。

　図 3-16 に、広島湾北部海域について計算した NEM と ND の変動を示す。まず上下層の違いが明瞭である。上層では生産、下層では分解が卓越し、それらがほぼ鏡像になっている。上層の生産のピークは 8 月あたりであり、下層の分解のピークはそれよりも 1 カ月遅れることも結果からわかる。ただし、データの頻度が月 1 回であるので、それ以上の精度はない。

　最終的に知りたいのは、上層・下層を含め水柱全体の NEM である。そのため、上層と下層の値の合計を出し、さらにその 13 カ月移動平均を掛けることで、年変動を求めた。それによると、NEM は 1987 〜 1991 年の間はプラスの値、すなわち系全体としては生産的であったものが、1992 年以降は低下し、ほぼゼロで推移したことがわかる。つまり、1992 年以降は湾全体の生産性が極めて低かったということがわかる。

　一方、ND は 1991 年まではマイナスで窒素固定量が脱窒量を上回り、それ以降は逆転して脱窒量が相対的に大きくなったと解釈できる。窒素固定は大気中の窒素を海中に取り込んで生物生産を上げることになるが、脱窒は海水中の窒素を大気に逃す作用であるので、浄化であって生産ではない。NEM も ND も相対的な値しか得られないので、これらの値の大きさについては厳密な議論はできないことに注意が必要である。

3.8 物質収支の計算

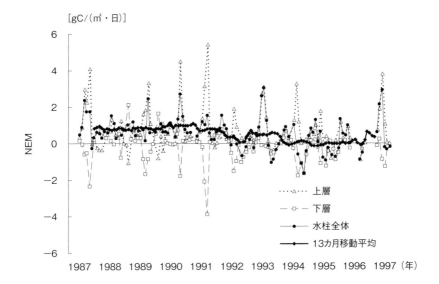

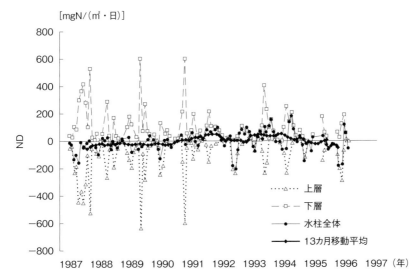

図 3-16 広島湾北部海域（奈佐美瀬戸以北）における純生態系代謝量（NEM）と純脱窒量（ND）の経年変動
出典：Yamamoto *et al.* (2005)

3.9 ロトカ・ボルテラモデルによる考察

　ボックスモデルによる系全体の物質収支解析を第一段階とすると、第二段階としてはボックス（生態系）内部での食物連鎖構造を考慮した解析が必要である。山本（2005）では、4段階の食物連鎖構造を想定して、ロトカ・ボルテラモデルによる富栄養化および貧栄養化の過程における各食段階の応答を考察した（図3-17）。「ロトカ・ボルテラモデル」というのは、アルフレッド・ロトカ（Alfred J. Lotka）とヴィト・ボルテラ（Vito Volterra）がほぼ同時に考案した、捕食者・被食者の個体数変動を解析するモデルである。モデルと言っても、紙と鉛筆があれば、式の移項・代入などで、定常状態での生態系構造を把握することができる。式は省略するが、興味のある人は上記の山本（2005）の論文を参照されたい。

　この解析によると、富栄養化の過程では、栄養塩濃度と動物プランクトンのバイオマス（現存量）は変化せず、植物プランクトンと魚が増加する（図3-17）。一方、貧栄養化の過程では、それらとは逆に、植物プランクトンと

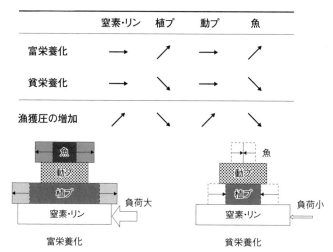

図3-17　ロトカ・ボルテラモデルによる富栄養化および貧栄養化それぞれの定常状態での各食段階生物等のバイオマスの増減傾向
動プ：動物プランクトン、植プ：植物プランクトン
出典：山本（2005）。ただし、漁獲圧増加は、山本・川口（2011）。

魚のバイオマスが減少し、やはり栄養塩濃度と動物プランクトンのバイオマスは変化しない。これは実際に瀬戸内海で起こっていることと類似しており、富栄養化と貧栄養化の過程を良く表していると考えられる。ちなみに、第1章で示されたように、諏訪湖における貧栄養化の過程では動物プランクトンの種の交替は見られたが、バイオマスとしてはほとんど変化しないという観察結果が得られている。すなわち、富栄養化の過程では、赤潮などが頻発するが、漁獲量も増加する。一方、貧栄養化の過程では、赤潮は減少するが、漁獲量も低下する。

　瀬戸内海では、漁獲圧が極めて高いと言われているが、漁獲圧が大きい場合の定常状態は、栄養塩濃度増加、植物プランクトンバイオマスの減少、動物プランクトンバイオマスの増加、魚類の減少、となる。**図3-12**で示したように、いくつかの海域では、流入負荷を削減したにもかかわらず、全窒素・全リンの濃度が増加傾向にあることから、漁獲圧が高いことを反映しているものと推察される。また、動物プランクトンの現存量についても、p.88からのコラムに示したように、データの蓄積は少ないが、変化がないか、少し多くなっているようにも思える。ただし、この計算は食段階を四つに区分しただけのシンプルなものなので、漁獲対象となる魚とならない魚の区別はなされていない。さらに、個々の魚種に対する漁獲圧はそれぞれ異なるであろうから、詳細な議論はできない。

　ただ、魚のストックが小さくなっていることは明らかで、漁獲努力をかなり上げないと魚を捕ることができなくなっている。これを乱獲が原因であると言う人もいるが、漁業者は通常、魚が捕れなくなってくれば、捕る努力が無駄になるので、それ以上は捕らない。**図3-17**に示した生態系のピラミッドにおいて、瀬戸内海の生態系の構造について、漁獲によるトップダウン的な力と、栄養塩負荷量の低下によるボトムアップ的な力のいずれが大きいかということを定量的に解析した研究は、筆者が知る限りない。したがって、魚が捕れないことについて、単純に「乱獲」として片付けるのは学術的ではないと筆者は考えている。

3.10　底泥の劣化

　陸域から運ばれる粒子には砂粒大の鉱物粒子が含まれるが、海生の生物起源粒子の主体は植物プランクトンであり、微細で有機物を多く含む。有機物の種類は様々で、分解されやすいもの（易分解性）もあるが、分解されにくいもの（難分解性）もある。これらの有機物を多く含む粒子は、バクテリアによって酸化分解され（好気分解）、底層の酸素を消費する。微細な粒子が多く堆積する場合、底泥中には上層水中の酸素が入りにくい。酸素がなくなると、通常、硝酸態の酸素を使う脱窒を経て、硫酸態の酸素を使う硫酸還元に至る（嫌気分解）。嫌気分解の速度は好気分解のそれに比べて1桁程度遅いので、水柱からの有機物の沈降負荷量が多い場所では、次第に底泥の有機物含量は高くなり、俗に言うヘドロ状になる。

　有機物分解が遅いということは、分解産物である無機栄養塩類の水柱への回帰量が減るということである。つまり、底質の劣化も貧栄養化の一要因となる。例えば、船舶を停泊させるための港湾あるいは用地確保のための埋め立てなどにより、瀬戸内海の海岸線の多くは、緩い傾斜の自然海岸からコンクリートで固めた直立護岸に変えられてしまった。緩い傾斜の浜であれば、潮の満ち引きによって海水は沖—岸方向に動き、海底との摩擦で海水が上下によく混合されて十分な酸素の中で有機物は好気分解される（**図 3-18 左図**）。一方、直立護岸では、干潮・満潮があっても海面が上下に動くだけで、鉛直方向に水が混合せず、水柱は成層し、下層に酸素が運ばれず、有機物粒子は十分に酸化分解さ

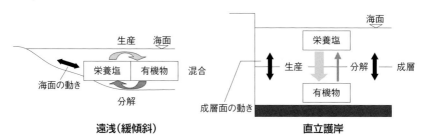

図 3-18　遠浅（緩傾斜）の場合と直立護岸での水の動きと有機物分解による栄養塩回帰の違い
出典：山本（2007）

れずに海底に堆積する（図3-18右図：山本，2007）。

　港湾区域でヘドロが溜まるのは、陸域からの有機物負荷が多いことだけでなく、このように有機物分解が進まないことによる。緩い傾斜の海岸では、回帰した栄養塩は藻類に使われ、効率良く高次の生物の生産につながるので、物質循環がスムースであるのに対して、直立護岸では、有機物が海底に溜まり、栄養塩の回帰量が少なく、物質の回転が悪くなる。そこで筆者は、Stockner *et al.* (2000) が貧栄養化の原因として指摘している項目に、底質の劣化に基づく有機物分解の遅延による栄養塩回帰の減少を加えたい。

3.11　おわりに

　現在、瀬戸内海の漁業生産の低下は極めて深刻で、その主要な原因の一つが貧栄養化であることが広く認識されるようになった。すでに瀬戸内海臨時措置法から数えて40年以上が経過したが、臨時措置法もそれに続く特別措置法も富栄養化進行期に施行されたものであり、その精神は流入負荷削減により瀬戸内海を汚濁が進行する前の状態に戻そうとするものであった。しかしながら、当時の知識では、流入負荷の削減が貧栄養化につながり、漁獲量が激減するとは予想していなかった。

　このようなことから、2014年10月には中央環境審議会の答申（2012年10月）に基づき、瀬戸内海環境保全特別措置法の大幅改正が検討された。これにより、瀬戸内海の環境保全施策は、それまでの流入負荷削減による富栄養化防止から瀬戸内海の多面的価値・機能が最大限に発揮された豊かな海を実現する方向へと大きく舵を切ろうとしている。その基本的な考え方としては、各湾・灘規模での「きめ細やかな水質管理」、「底質環境の改善」、「沿岸域における良好な環境の保全・再生・創出」、「自然景観及び文化的景観の保全」、「地域における里海づくり」、「科学的データの蓄積及び順応的管理のプロセスの導入」である。

　つまり、その精神としては、水・泥・生物のすべてを含む「生態系」全体の保全という概念であり、望まれる生態系の姿を明確にすることと、その姿に至るにはどのような手立てが必要かということを科学的な見地に立って設定するということであり、とりもなおさず物質循環研究分野のサイエンスに対して大

きな課題が突きつけられたと言って良いだろう。

引用文献

中央環境審議会（2005）第6次水質総量規制のあり方について（答申）．
　http://www.env.go.jp/council/toshin/t097-h1703.html
橋本俊也・多田邦尚（1997）広島湾における海水の光学的特性．海の研究 **6**: 151-155.
星加　章（2008）瀬戸内海の堆積速度と堆積物の重金属濃度．「瀬戸内海の海底環境」（柳哲雄 編著），恒星社厚生閣，東京，pp.17-32.
川崎　健（2009）イワシと気候変動：漁業の未来を考える．岩波書店，東京，224 pp.
Nixon, S. W. (1995) Coastal marine eutrophication – A definition, social causes, and future concerns. *Ophelia* **41**: 199-219.
Scheffer, M. (1989) Alternative stable states in eutrophic, shallow freshwater systems: Aminimal model. Hydobiol. Bull. **23**: 73-83.
瀬戸内海総合水質調査データ：http://www.pa.cgr.mlit.go.jp/chiki/suishitu/index.html
せとうちネット：http://www.env.go.jp/water/heisa/heisa_net/setouchiNet/seto/index.html
Stockner, J. G., Rydin, E., Hyenstrand, P. (2000) Cultural oligotrophication: Causes and consequences for fisheries resources. *Fisheries* **25**: 7-14.
Yamamoto, T. (2003) The Seto Inland Sea-Eutrophic or oligotrophic? *Mar. Poll. Bull.* **47**: 37-42.
山本民次（2004）沿岸海洋環境の崩壊—リン負荷削減とダム建設による人為的貧栄養化．「公開講座シリーズ3 私たちの生活と環境—環境修復・改善にどう取り組むか」（河野憲治・藤田耕之輔 編著），広大生物圏出版会，広島，pp.55-75.
山本民次（2005）瀬戸内海が経験した富栄養化と貧栄養化．海洋と生物 **158**: 203-210.
山本民次 訳（2006）水圏生態系の物質循環（Andersen, T., Pelagic Nutrient Cycles），恒星社厚生閣，東京，259pp.
山本民次（2007）生物環境としての浅海域の重要性．瀬戸内海 **51**: 15-18.
山本民次・石田愛美・清木　徹（2002）太田川河川水中のリンおよび窒素濃度の長期変動−植物プランクトン種の変化を引き起こす主要因として．水産海洋研究 **66**: 102-109.
山本民次・川口　修（2005）「富栄養・貧栄養」と「富栄養化・貧栄養化」．海洋と生物 **158**: 210-212.
山本民次・川口　修（2011）貧栄養化によってもたらされる食物連鎖構造の変化．水環境学会誌 **34**: 51-53.
山本民次・北村智顕・松田　治（1996）瀬戸内海に対する河川流入による淡水，全窒素および全リンの負荷．広島大学生物生産学部紀要 **35**: 81-104.
Yamamoto, T., Kubo, A., Hashimoto, T. and Nishii, Y. (2005) Long-term changes in net ecosystem metabolism and net denitrification in the Ohta River estuary of northern Hiroshima Bay-An analysis based on the phosphorus and nitrogen budgets. In, Burk, A.

R. (ed.), Progress in Aquatic Ecosystem Research, Nova Science Publishers, Inc., New York, pp.99-120.

Yamamoto, T., Matsuda, O. and Hashimoto, T. (2004) Chemical Environment of the Seto Inland Sea, Japan. In, Okaichi, T. (ed.), Red Tides, Terra Scientific Pub. Co., Tokyo, pp.272-288.

山本民次・水野健一郎・高島　景・山本裕規（2011）広島湾・安芸灘・伊予灘の水質と底質．瀬戸内海 **62**: 7-13.

山本民次・和西昭仁（2010）周防灘の水質・底質の変化と水産業．瀬戸内海 **60**: 1-8.

COLUMN

貧栄養化で瀬戸内海の動物プランクトン現存量は変化したか？

樽谷賢治

　カイアシ類（微小な甲殻類の1分類群で、ケンミジンコとも呼ばれる。**図3-19**）などの多くの動物プランクトンは、植物プランクトンを摂食する一方で、魚介類の餌料となることから、沿岸・内湾域における生物生産や物質循環を考えるうえでカギとなる生物群である。餌生物である植物プランクトンの増減が動物プランクトンに何らかの影響を及ぼすであろうことは、容易に想像できる。実際に、いくつかの海域において、動物プランクトンの現存量と植物プランクトンの現存量、生産量との間に正の相関が見られることが報告されている（Ware and Thomson, 2005）。

　それでは、瀬戸内海における動物プランクトンの現存量は、どのような現状にあるのだろうか。筆者らが紀伊水道から安芸灘に至る海域において、四季にわたって（2007年4月、7月、10月および2008年1月）実施した観測調査の結果によると、網目の大きさ100 μmのプランクトンネットで捕捉される中大型動物プランクトンの現存量（炭素量）の全調査海域における平均値は1 m^{3}当たり12～47 mg Cであり、夏季（7月）および秋季（10月）に高く、春季（4月）および冬季（1月）に低い傾向が見られた（**図3-20の右**）。海域別に見ると、大阪湾東部海域で最も高く、紀伊水道、燧灘西部および安芸灘で低い値を示した。また、海域や季節によっては、枝角類（通称ミジンコ類）やウミタル類（脊索動物門に属する代表的なゼラチン質動物プランクトンの1分類群）の現存量が大きい場合も見られたが、総体的にはカイアシ類が優占していた（**図3-19**参照）。

　瀬戸内海における動物プランクトンの現存量については、これまでにも単発的ながら、観測調査結果が報告されている。ここでは、1990年代前半に瀬戸内海全域で行われた観測調査の結果（Uye and Shimazu, 1997）と比較することで、瀬戸内海における動物プランクトンの現存量の変化について類推してみよう。

　Uye and Shimazu（1997）によると、1990年代前半の瀬戸内海全域における中

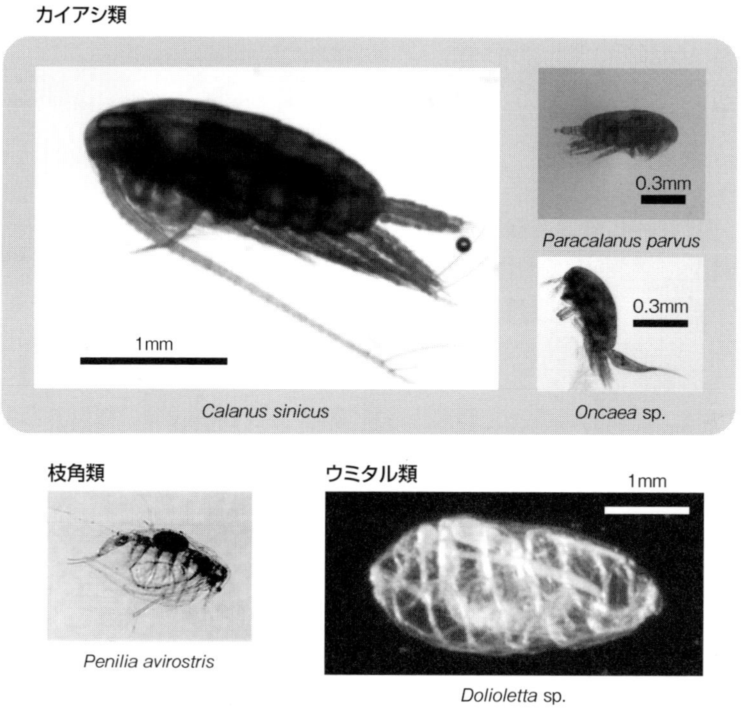

COLUMN 貧栄養化で瀬戸内海の動物プランクトン現存量は変化したか？

カイアシ類

1mm
Calanus sinicus

0.3mm
Paracalanus parvus

0.3mm
Oncaea sp.

枝角類
Penilia avirostris

ウミタル類
1mm
Dolioletta sp.

図 3-19　瀬戸内海で出現する主な動物プランクトン

　大型動物プランクトンの平均現存量は $1m^3$ 当たり 14 〜 45 mg C と報告されている（図 3-20 の左）。この値は、筆者らの観測調査結果と同程度である。また、秋季に現存量が高くなること、大阪湾奥部海域で現存量が高いこと、カイアシ類が優占していたことなどの特徴も類似している。
　山本・川口（2011）は、四つの食段階からなる食物連鎖構造を想定した簡単なモデルで解析を行った結果、富栄養化と貧栄養化のいずれの過程においても、動物プランクトンの現存量は変化しないことを報告している（図 3-17 参照）。もちろん、調査定点や調査時期などが異なることから、筆者らの調査結果と Uye and Shimazu（1997）の報告とを単純に比較することには危険が伴う。ただ、動物プランクトンの現存量は、動物プランクトン自身の成長量と魚介類による捕食量とのバランスによって決定されるものであり、植物プランクトンの生産量、すなわち餌料の供給量のみで

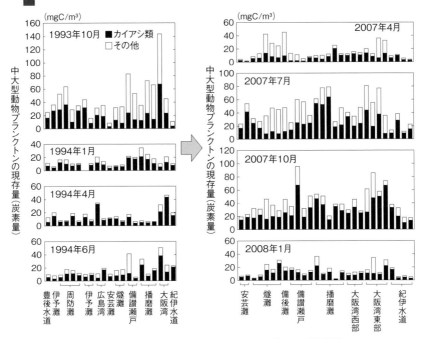

図 3-20　瀬戸内海における中大型動物プランクトンの現存量と群集構造
左：1993 年 10 月、1994 年 1 月、4 月および 6 月の結果（Uye and Shimazu, 1997 より引用）
右：2007 年 4 月、7 月、10 月および 2008 年 1 月の結果

決まるものではない。今回の調査結果が、山本・川口（2011）による解析結果を裏付ける結果となったことは、極めて興味深い。

[引用文献]

Uye, S. and Shimazu, T.（1997）Geographical and seasonal variations in abundance, biomass and estimated production rates of meso- and macrozooplankton in the Inland Sea of Japan. *Journal of Oceanography* **53**: 529-538.

Ware, D. M. and Thomson, R. E.（2005）Bottom-up ecosystem trophic dynamics determine fish production in the Northeast Pacific. *Science* **308**: 1280-1284.

山本民次・川口　修（2011）貧栄養化によってもたらされる食物連鎖構造の変化．水環境学会誌 **34**: 51-53.

第4章

瀬戸内海東部の貧栄養化と漁業生産

反田 實

4.1 はじめに

　筆者が当時の兵庫県立水産試験場に職を得て播磨灘に関わるようになったのは1973（昭和48）年である。その頃の瀬戸内海は有機汚濁が進み、播磨灘北部の播磨臨海工業地帯の沿岸部は冬でも赤潮が発生し、調査船のスクリューでかき混ぜられた航跡の白い泡と茶色の海水のコントラストが強く印象に残っている。その前年の1972年には播磨灘全域で海産植物プランクトン、シャットネラによる大規模な赤潮が発生し、71億円という甚大な漁業被害が発生していた。被害は兵庫県、香川県、徳島県、岡山県に及び、1,400万尾もの養殖ハマチが死んだのである（津田, 1974）。その頃の姫路市沖合の家島諸島では魚類養殖が盛んに行われていたが、1972年の後も1977年、1978年と漁業被害を伴う赤潮の発生が続き、当地域の魚類養殖は次第に衰退していった。1973年頃は赤潮だけでなく、PCB汚染や水銀汚染などの公害が大きな社会問題となっており、1960年代の高度経済成長の歪みが顕在化した時期であった。

　富栄養化の進行は陸域からの有機汚濁物質の流入が主因であることから、産業排水のCOD（化学的酸素要求量：Chemical Oxygen Demand）負荷量の削減等を主な内容とする「瀬戸内海環境保全臨時措置法」が1973年に施行された。この法律は1978年にCOD総量削減制度、リン削減指導制度の導入などを軸とした改正が行われ、「瀬戸内海環境保全特別措置法」となった。このようにCOD負荷量の削減が先行して進められたが、海域で観測されるCODの

多くが内部生産に由来することから（浮田，1998）、1996年に窒素削減指導が始まり、2002年に始まった第5次総量削減からは、窒素、リンが総量規制の対象項目に追加された。また、1993年には、水質汚濁防止法に基づく窒素、リンの排水濃度規制が始まり、海域の窒素、リンの環境基準も定められた。

　これらの施策により瀬戸内海の水質は改善され、大阪湾奥部など一部の海域を除けば、瀬戸内海は見た目にもきれいな海になった。実際、播磨灘では、2011年2月に灘中央部に近い観測点で19.7 mの透明度が観測された。これは1972年以後の40年間で2番目の記録である。瞬間的な値とはいえ、陸で囲まれた閉鎖的な内湾の値としては非常に高いと言えよう。後に述べるが、大阪湾、播磨灘の透明度は確実に改善している。

　一方で、生物生産にとって必須である栄養塩、中でも溶存無機態窒素（Dissolved Inorganic Nitrogen：DIN）濃度は瀬戸内海全域で低下傾向が続いている。大阪湾を除く瀬戸内海のDIN濃度のレベルは、東京湾周辺で見れば、富津岬以南の内房〜外房の海のレベルに近い（藤原，2013）。瀬戸内海は全国第2位のノリ生産海域であるが、DIN不足によって2000年頃から毎年のように色落ちが発生し、ノリ養殖業に深刻な影響を与えている。また、漁業生産量（漁船漁業）は、瀬戸内海全域ではピーク時の約35％、播磨灘では約50％に減少している。

　このように、瀬戸内海はきれいになったが、漁業生産で代表される海の豊かさは失われてきている。今から約10年前に、Yamamoto（2003）はリン不足が原因と考えられる漁業生産の低下から、瀬戸内海の貧栄養について言及した。前述の通り、負荷量削減指導はリンから始められたので、1990年頃の状況はリン不足であったと考えられるが、少なくとも現在の播磨灘は窒素不足による貧栄養状態に陥っていると考えられる。筆者は、DIN濃度の低下は、窒素要求量の高いノリだけでなく、漁船漁業の生産にも影響を与えていると考えている。そこで、本稿では、播磨灘を中心に、瀬戸内海全体の状況も交えて漁場環境と漁業生産の現状を紹介するとともに、栄養塩環境（主にDIN）と漁獲量との関連について考える。

4.2 播磨灘の漁場環境

4.2.1 播磨灘の概要

　播磨灘は面積 3,426 km^2、平均水深 25.9 m、容積 88.9 km^3 であり（瀬戸内海環境保全協会, 2012）、隣接する大阪湾と比較すると、面積は 2.37 倍、体積は 2.02 倍である。北岸には播磨臨海工業地帯があり、人口 53.5 万人の姫路市、人口 26.8 万人の加古川市、人口 29.1 万人の明石市などがある。また、加古川、揖保(ぼ)川、市川、千種(ちくさ)川などの大きい河川はいずれも北部から流入する。

　図 4-1 に播磨灘の水深分布を示す。播磨灘は盆状地形となっていて、海峡部を除けば灘中央部の水深が最も深く、約 40 m である。水深 20 m 以浅の海域は北部沿岸に沿って広がっている。底質は灘中央部から南部にかけてと北部沿岸に粘土シルトの海底が広がっており、明石海峡周辺と備讃(びさんせと)瀬戸周辺は砂質主体の海底である。明石海峡の西側には鹿ノ瀬と呼ばれる大きな砂堆があり、イカナゴの産卵場・夏眠場であるとともに、小型底びき網や釣りの好漁場として知られる（神戸新聞明石総局編, 1989）。

　藤原（1983）によると、瀬戸内海の海水の 90% は 1.4 年で外海水と交換する。また、播磨灘は瀬戸内海平均よりも交換時間は長く約 1.8 年であり、海水交換に占める紀伊水道と豊後水道の海水の比率は、それぞれ約 75% と約 25% である。

4.2.2 透明度について

　見た目の海のきれいさを表す指標として最もわかりやすいのが透明度である。播磨灘では 1925 年から水産技術センターの前身である兵庫県立水産試験場が海洋観測を実施している。1972 年以降の海洋観測点は**図 4-1** の通りであるが、それ以前は、観測点の位置が幾度か大きく変更された。そのなかにあって、Stn. H8 の海域には長期に渡って観測点が設定されてきた。Stn. H8 では、第二次世界大戦の影響による空白期間があるが、1932 年から現在まで約 80 年間の透明度の観測記録が残されている（**図 4-2**）。Stn. H8 における戦前の透明度の年平均値は概ね 9〜11 m と高く、1933 年 7 月には 20 m の記録もある。戦後は 1950 年に観測が再開され、有機汚濁が最も著しかった 1970 年代前半に

第4章　瀬戸内海東部の貧栄養化と漁業生産

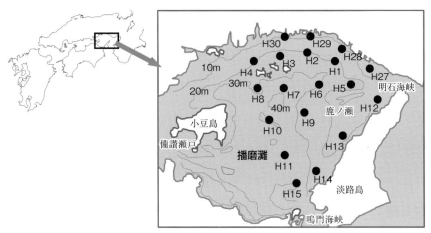

図 4-1　播磨灘の水深分布と海洋観測点（浅海定線調査）

は7〜8mまで低下した。この頃を底として徐々に上昇し、2005年頃以後は9m前後で推移しており、概ね1950年代のレベルまで回復している。

国土交通省が実施している瀬戸内海総合水質調査結果でも、透明度の改善傾向は明らかである（反田ほか，2013a）。**図 4-2**からは、戦前に比べるとまだまだ低いという意見があるかもしれない。しかし、埋め立てにより浅場や干潟が失われ、二枚貝など、海水をろ過して透明度を上げる役割を果たす濾食性

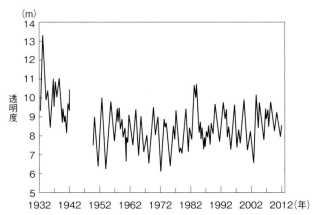

図 4-2　播磨灘（Stn.H8、図 4-1 参照）における透明度の長期変動（13 カ月移動平均）

94

生物の棲息場が縮小していることから、海の形状がかつての状態に戻らなければ、透明度が戦前のレベルに回復するのは難しいかもしれない。

4.2.3 栄養塩環境

明石海峡に近い Stn. H5（**図 4-1** 参照）の栄養塩濃度の変化を**図 4-3** に示す。Stn. H5 は潮流が速く、年間を通じて鉛直混合が盛んで上下層の栄養塩濃度の差は小さいので、水柱の平均的な値を示していると考えられる。

DIN 濃度の年平均値は、1970 年代には 7～12 μM（= μmol/L）であったが、その後、大きな変動を示しながらも低下傾向が続き、2010 年頃には 3 μM と、1970 年代の 3 分の 1 に低下した。溶存無機態リン（Dissolved Inorganic Phosphorus：DIP）は 1970 年代後半に 0.6～0.8 μM の高い値を示した後、1980 年代中頃には 0.3 μM を下回るまで急減した。その後、1990 年代前半に 0.4 μM まで上昇し、以後は横ばい～若干の低下傾向で推移している。溶存態ケイ素（Dissolved Silica：DSi）は 1970 年代前半の 7 μM 前後から 1990 年代

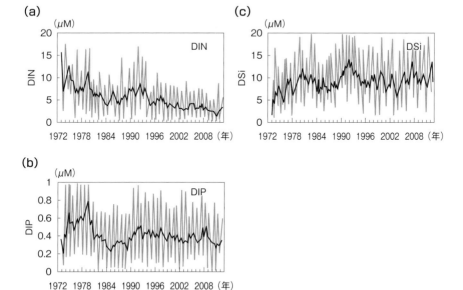

図 4-3　播磨灘（Stn.H5、図 4-1 参照）における栄養塩濃度の推移
黒の実線は 13 カ月移動平均。(a)：DIN　(b)：DIP　(c)：DSi

前半には 10 μM を超えるまで増加し、以後、年変動は大きいが、ほぼ横ばい傾向である。

DIN、DIP および DSi 濃度の長期的な変化に対応して、それらのモル比も変化してきている（図 4-4）。DIN/DIP 比の変化は、大きく二つのフェイズに分けることができる。すなわち、値が急激に変化した 1994 年の前と後である。1974 ～ 1993 年の間は、変動は大きいが 15 ～ 20 超の高い値で推移していた。この時期は DIP 濃度の低下が進んだ時期であり、海域はリン不足の傾向にあったと推察される。その後、DIN/DIP 比は 1994 年に 10 へ急低下した後、漸減傾向が続き、2010 年は 7.2 となった。1994 年以後の変化は DIN 濃度の低下によるものであり、近年は絶対値だけでなく相対的にも窒素不足が進行している。DSi/DIP 比にも、大きくシフトした時期が認められる。1974 年から 1979 年までは 10 ～ 15 であったが、1980 年に 25 へ大きく上昇し、以後は 20 ～ 30 で推移している。DSi の不足は、植物プランクトン相を珪藻プランクト

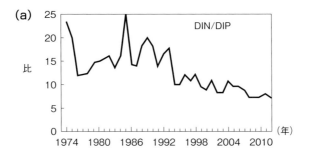

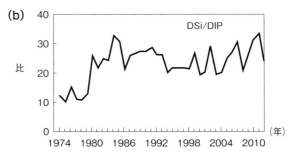

図 4-4　播磨灘（Stn.H5、図 4-1 参照）における
(a)：DIN/DIP 比と (b)：DSi/DIP 比の変化

ンから他の植物プランクトンへと変化させる要因となるが、現在の播磨灘は DSi 不足の状態ではない。

　DIN 濃度の低下は、播磨灘だけでなく瀬戸内海全域で起こっている。各府県の水産研究機関が実施している海洋観測（浅海定線調査）結果によると、1980 年以後の 30 年間で、DIN 濃度は各調査海域とも最高時の 40% 前後まで低下しており、2009 〜 2010 年は播磨灘〜周防灘の広い海域で DIN 濃度の平均値は 2 μM を下回っている。大阪湾は他の海域よりも DIN 濃度は高いものの、低下度合いが大きい（反田ほか，2014）。

　続いて、全窒素（TN）と有機態窒素について紹介する。水産関係の試験研究機関が行っている海洋モニタリングでは、DIN や DIP など無機態の窒素、リンの測定が行われてきたが、有機態の窒素、リンの測定はほとんど行われてこなかった。一方、環境分野では水質管理の指標である TN、TP（全リン）が測定されている。環境省が実施している広域総合水質調査結果による播磨灘の TN 濃度の推移と、浅海定線調査の DIN 濃度の変化を**図 4-5** に示す。異なる調査のため詳しい比較はできないが、TN に占める DIN の割合は 1990 年代中頃までは 20 〜 30% であったが、それ以後は 15 〜 25% に低下している。TN

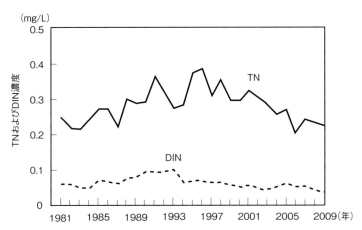

図 4-5　播磨灘における TN 濃度と DIN 濃度の推移
TN 濃度：広域総合水質調査（環境省）
DIN 濃度：浅海定線調査（Stn.H1 〜 H15〔図 4-1 参照〕の 3 層〔0.5m、10m、底〕平均）

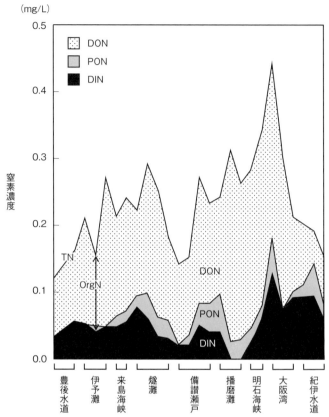

図 4-6　瀬戸内海縦断線上の各態窒素の分布（2008 年 1 月下旬、広域総合調査、0.5m 層）
出典：藤原（2013）を改変

と DIN の差が有機態窒素であるが、その割合は 70 ～ 80％と高い。

　有機態窒素の中身を調べた例は少ないが、2012 年に兵庫県水産技術センターが 4 ～ 10 月に行った播磨灘表層水の調査によると、TN の約 70％が DON（溶存有機態窒素）、約 20％が PON（粒状有機態窒素）であり、DIN は約 10％にすぎなかった。このように DON の割合が非常に高い。それら DON のうちどれだけが再び生物生産に回るかは明らかでないが、難分解性の DON が 0.07 mg/L 程度含まれている可能性があることから（藤原, 2013）、生物活動に利

用されやすい窒素は少ないと推察される。また、瀬戸内海縦断線上の窒素の分布から、瀬戸内海内部のDIN濃度は外海よりも低濃度であり、特に灘部ではDONは多いものの、DINとPONの合計は小さく、栄養段階の高い生物に利用されやすい形の窒素が失われている可能性がある（藤原，2013；**図4-6**）。

4.2.4　陸域負荷と海域のDIN濃度

　播磨灘のDIN濃度の低下要因は何であろうか？　海域への窒素の供給源は陸域、外海水、海底泥からの溶出が主なものであるが、それぞれの寄与の割合は明確ではない。外海からの供給についてはいくつかの値が示されているが幅は大きく、武岡（2006）は瀬戸内海の窒素に占める外海水由来の割合は60％足らずであろうと述べている。播磨灘における底泥からの寄与については、河川からの窒素流入負荷の82％に達するとする報告（神山ほか，1998）や、陸域からのDIN負荷量の58％に相当するという報告（山本ほか，1998）があるが、報告例は少なく経年的な変動も不明である。

　瀬戸内海全体と播磨灘への全窒素発生負荷量の推移は**図4-7**の通りである。全窒素発生負荷量は1990年代後半から減少しており、1993年の窒素排水濃度規制以後の削減効果がうかがわれる。2009年における瀬戸内海全域の全窒素発生負荷量は、窒素削減指導前の1979～1994年と比べて約64％に、また、播磨灘の場合は53％に減少している。このような陸域負荷の減少は、海域のDIN濃度の低下に影響していると考えられる。

　陸に降った雨は、陸上の様々な物質を河川等を通じて海へ運ぶ。当然、森林、農地、市街地等から、窒素、リンも海に流れ込む。播磨灘は、北部の主要河川から流入する陸水が多い。それら河川の集水域にある姫路、明石、上郡（かみごおり）の年平均降水量と12月の播磨灘15観測点平均のDIN濃度の変化を**図4-8**に示した。鉛直混合期の12月は播磨灘のDIN濃度が年間で最も高くなる時期であり、その年の栄養塩レベルを評価するのに適した時期と考えられる。**図4-8**は雨と海域のDIN濃度との関連を示唆しているが、1990年代後半から降水量とDIN濃度の推移に開きが見られ、近年、その度合いが大きくなってきている。これは雨が降っても海域のDIN濃度が上がりにくくなっていることを示しており、降水に伴う陸域からの窒素供給が減ってきていることが推測される。

第**4**章　瀬戸内海東部の貧栄養化と漁業生産

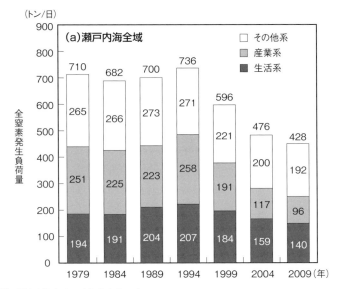

（資料）2004年まで：せとうちネット
http://www.env.go.jp/water/heisa/heisa_net/setouchiNet/seto/kankyojoho/kankyohozen/kanho-2-4.htm
2009年：平成22年度水質総量削減における汚濁負荷量削減対策等の最適実施に向けた検討調査業務報告書（2011年3月、環境省水・大気環境局）

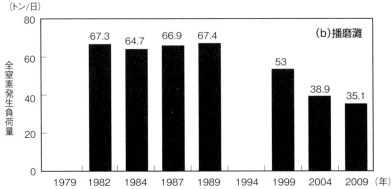

（資料）1999年まで：瀬戸内海環境情報基本調査 総合解析編（2006年3月、環境省）
2004年：平成17年度発生負荷量等算定調査報告書（2006年3月、環境省水・大気環境局）
2009年：平成22年度水質総量削減における汚濁負荷量削減対策等の最適実施に向けた検討調査業務報告書（2011年3月、環境省水・大気環境局）

図4-7　瀬戸内海全域（a）と播磨灘（b）に対する全窒素発生負荷量
出典：反田・原田（2012）

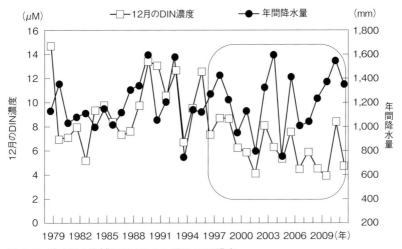

図4-8 降水量と海域における12月のDIN濃度
DIN濃度：播磨灘 Stn.H1～H15の15観測点（図4-1参照）、表・10m層、12月の平均値
降水量：姫路、明石、上郡の年平均降水量

4.3　ノリ養殖の現状

　兵庫県のノリ養殖の生産枚数、生産金額、単価の推移を**図4-9**に示す。兵庫県のノリ養殖は1970年代に生産が急増し、1978年には生産枚数11.5億枚、生産金額225億円に達した。その後1990年代中頃までは15～18億枚、170億円前後を維持していたが、1990年代後半から減少期に入り、近年の生産枚数は11～15億枚、生産金額は90～120億円である。

　減少の最大要因はノリの色落ちである。色落ちとは、海水中の栄養塩不足（播磨灘では窒素不足）によりノリの色素含有量が低下し、葉体が茶褐色となる現象である（**図4-10**）。色落ちは1990年代後半から頻発するようになり、2000年頃からは毎年発生している。色落ちしたノリ葉体は製品の食味も悪く、商品価値は著しく低下する。ノリ生産金額と漁期中のDIN濃度との間には、有意な正の相関が認められている（原田, 2013）。

　播磨灘のノリ養殖は11月下旬～12月上旬に開始されるが、この時期は年間で最もDIN濃度が高くなる時期である。DIN濃度が3 μMを下回ることがノ

第**4**章　瀬戸内海東部の貧栄養化と漁業生産

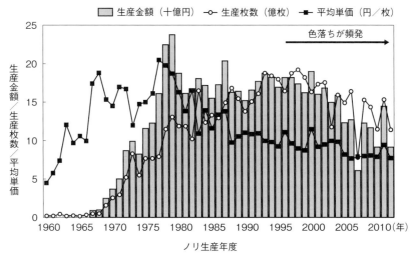

図 4-9　兵庫県のノリ養殖生産動向
生産金額、生産枚数、平均単価：兵庫県漁業協同組合連合会資料より

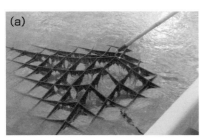

正常なノリ（黒い）

色落ちしたノリ（茶褐色）

乾海苔製品

図 4-10　養殖ノリの色落ち
正常に育ったノリは黒いが、色落ちしたノリは茶褐色となる。
（カバーの後ろそで写真も参照）

リの色落ちが発生する目安であるが（永田ほか，2001）、近年は養殖開始時期においても 3 μM をやや上回る程度である。加えて、ノリ養殖時期に大型の珪藻類、特に *Eucampia zodiacus* や *Coscinodiscus wailesii*（p.171 の図 7-2 参照）の大量発生が重なると、それらが栄養塩を消費してしまうため、色落ち時期が早まる。

　ちなみに、瀬戸内海合計のノリ養殖生産枚数は 1988 年に 40 億枚に達して以後、1990 年代はほぼ 35 億枚以上を維持していた。しかし、2000 年代に入ってから急減し、2009 年には 20 億枚台となった。特に、瀬戸内海西部の周防灘沿岸の 3 県（山口県、福岡県、大分県）でその傾向は著しく、1980 年には 3 県合計で 7 億枚を超える生産があったが、以後減少傾向が続き、2008 年には 8,000 万枚を下回った（図 4-11）。なお、2007 年の全府県合計の生産枚数が極端に少ないのは、2008 年 3 月に明石海峡で発生した貨物船沈没事故により、兵庫県の生産が早期終了したためである。ノリ養殖経営体数も瀬戸内海全府県で 1980 年代以後減少が続いている。経営体数が 1980 年当時の 2 分の 1 以下となったのは、瀬戸内海西部の県では 1980 年代後半、瀬戸内海東部では 1990 年代中頃以後であり、ノリ養殖業の衰退は瀬戸内海西部で先行している（図 4-12）。

4.4　漁船漁業の現状

　兵庫県の漁業者は瀬戸内海東部の広い範囲（播磨灘、大阪湾、紀伊水道北部）を漁場として利用しており、その漁獲動向は瀬戸内海東部の状況を反映していると考えられる。主な漁業種類は小型底びき網漁業と船びき網漁業であり、それら漁獲量は県全体のそれぞれ 22％と 65％を占めている（2011 年）。兵庫県の漁獲量は 1990 年代後半以後、急激に低下しており、それまでの 6〜7 万トンのレベルから、近年は 3〜4 万トンへとほぼ半減している（図 4-13）。小型底びき網漁業の漁獲量は 1952 年以後、多少の増減を示しながらも 1995 年頃までは増加傾向にあったが、それ以後は急激に減少している。また、経営体（主たる経営体）当たりの漁獲量も同時期に減少に転じており、1995 年頃以後の漁獲対象資源の減少が推察される（図 4-14）。

第**4**章　瀬戸内海東部の貧栄養化と漁業生産

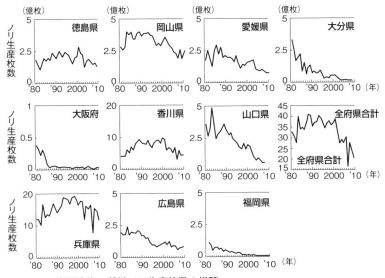

図 4-11　瀬戸内海の養殖ノリ生産枚数の推移
出典：反田ほか（2014）

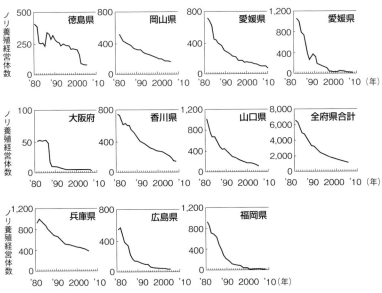

図 4-12　瀬戸内海のノリ養殖経営体数の推移
出典：反田ほか（2014）

4.4 漁船漁業の現状

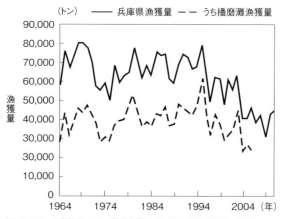

図 4-13 兵庫県および播磨灘の漁船漁業漁獲量の推移

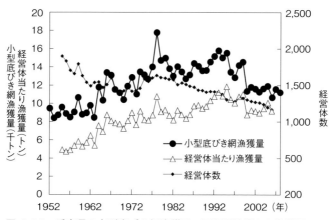

図 4-14 兵庫県の小型底びき網漁獲量、同経営体当たり漁獲量および経営体数の推移（イカナゴパッチ網を除く）

　船びき網漁業の主たる漁獲対象種はイカナゴとシラス（カタクチシラス主体）である。イカナゴの漁期は概ね3月から4、5月であり、当歳魚（新子と呼ぶ）を漁獲する。1歳魚以上も漁獲するがその割合は少ない。一方、シラスの漁期は概ね5〜11月である。船びき網漁業の漁獲量も1955年以後、ほぼ持続的に増加してきたが、1985年頃に4万トン台後半で頭打ちとなり、1995年頃から

105

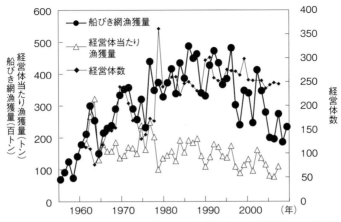

図 4-15　兵庫県の船びき網漁獲量、同経営体当たり漁獲量および経営体数の推移

は急激に減少している（図 4-15）。一方、1 経営体当たりの漁獲量は 1970 年代から低下傾向が続いているが、1995 年頃以後の低下度合いが大きい。このように、主要な二つの漁業種類ともほぼ同じ時期、つまり 1990 年代後半から、漁獲量は減少傾向に転じている。これは、ノリ養殖において色落ちが頻発し始めた時期でもある。

ちなみに、1952～2010 年の瀬戸内海全体の漁船漁業漁獲量は、1985 年頃まではほぼ右肩上がりに増加してきたが、その頃をピークに減少局面に入り、2010 年にはピーク時の漁獲量 48 万 5,000 トンの約 36％、17 万 6,000 トンに減少した。この漁獲量レベルは 1952 年頃とほぼ同じである（図 4-16a）。1980 年代後半に見られた急激な減少には、マイワシとカタクチイワシの減少が影響している（図 4-16b）。また、イカナゴも 1980 年代から減少している。貝類漁獲量は、1970 年代初めのピーク時期には 10 万トンを超えた年もあったが、同年代末に急減した。これは、沿岸部の埋め立て等の影響によると考えられる。また、1980 年代後半に 2 回目の大きな減少期があるが、その要因は現在のところ不明であり、近年は 3,000 トン以下で推移している（図 4-16c）。このように、魚種ごとに変動傾向は異なるが、富栄養化が最も進んだ 1970 年代の漁獲量水準が高かったことは事実である。

4.4 漁船漁業の現状

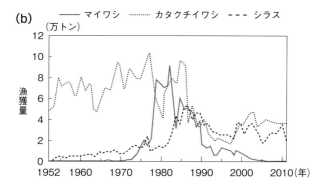

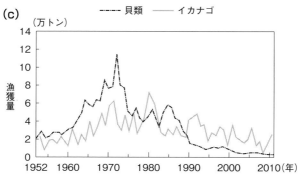

図 4-16　瀬戸内海の全漁獲量（a）、および主要種の漁獲量（b, c）の推移

4.5 漁獲量と栄養塩（DIN）の変動

4.5.1 小型底びき網の漁獲量と DIN 濃度

　統計銘柄上の魚種別漁獲量の変動は様々であり、兵庫県瀬戸内海で見れば 1990 年代後半以後増加している種類（例えば、マダイ、ハモ、コウイカ類など）もあれば、減少している種類もある（例えば、カレイ類、アナゴ類、タチウオ、アサリ類など）。それらの変動には魚種ごとに環境変動や漁獲の影響、また餌料をめぐる魚種相互の関係など、様々な要因が複合的に関与していると想定され、種別に解析した場合、解析結果の解釈は非常に難しいと考えられる。そこで、漁獲量と生物生産の基盤である栄養塩環境（DIN 濃度）との関連を検討するにあたっては、魚種単位ではなく、漁獲量を生物生産のアウトプットととらえ、漁業形態別といった大くくりの視点で検討することとした。まず、漁獲対象種が比較的狭い生活範囲を持つと考えられる小型底びき網漁獲量（農林統計の灘別・漁業種類別漁獲量）を検討対象とした。

　図 4-17 に、播磨灘における小型底びき網漁獲量と DIN 濃度の推移を示す。両者の変動傾向は類似している。特に注目されるのは、1980 年代の DIN 濃度の一時的な低下から数年遅れで、それに追随するような大きな変動が漁獲量にも見られる点である。漁獲量を 1 年ずつずらせた場合の DIN 濃度との相関係数を順次求めたところ、2 年後の漁獲量との相関係数が 0.741（$p<0.001$）と最も高かった（図 4-18）。また、兵庫県播磨灘の魚種別漁獲量のうち主に小型底びき網で漁獲される統計分類魚種（2004 〜 2006 年平均で小型底びき網における漁獲割合が 40% 以上の魚種、ただし「その他の水産動物」はそれに該当するが、船びき網による漁獲が大半を占める年があるため除いた）の漁獲量と DIN 濃度の間にも変動の類似性が認められ、3 年遅れの漁獲量との間に高い相関が認められた（$r=0.674$、$p<0.001$）（反田・原田，2012）。

　播磨灘と同様に、大阪湾の小型底びき網漁獲量と DIN 濃度との関連を検討した。その結果、大阪湾の DIN 濃度と 1 年後の小型底びき網漁獲量との間に有意な相関が認められた（$r=0.770$、$p<0.001$）（図 4-19）。なお、同一年の漁獲量との相関係数は 0.557、2 年後および 3 年後の漁獲量との相関係数は、それぞれ 0.706 と 0.689 であった。このように播磨灘と同様、大阪湾においても、

4.5 漁獲量と栄養塩（DIN）の変動

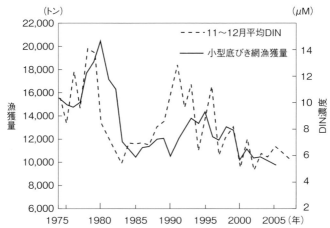

図 4-17　播磨灘における小型底びき網漁獲量と DIN 濃度の推移
DIN 濃度：Stn.H1 〜 H15 の 15 観測点（図 4-1 参照）、表層・10m 層、底層の 11 〜 12 月平均値
出典：反田・原田（2011）

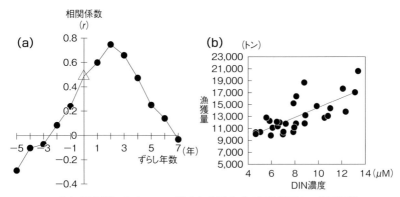

図 4-18　（a）播磨灘における DIN 濃度と小型底びき網漁獲量との相関係数
　　　　　（b）2 年ずらした時の DIN 濃度と漁獲量の関係
ずらし年数 1 とは DIN 濃度と翌年漁獲量の相関。同様に、− 1 は前年との、0（△印）は同一年漁獲量との相関。$n = 30$、$r = 0.741$、$p < 0.001$
出典：反田・原田（2011）

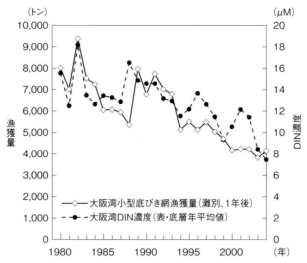

図4-19 大阪湾におけるDIN濃度と1年後の小型底びき網漁獲量
$n = 26$、$r = 0.770$、$p < 0.01$
出典：反田・原田（2013）
DIN濃度：大阪府立環境農林水産総合研究所水産研究部水産技術センターより（表・中層20定点、2,5,8,11月の年間平均）
漁獲量：中四国農政局統計部、瀬戸内海区および太平洋南区における漁業動向より

小型底びき網漁獲量とDIN濃度の関連を示唆する結果が得られた。

4.5.2 イカナゴ漁獲量とDIN濃度

　イカナゴは動物プランクトン食性の多獲性魚であり、その生活史は瀬戸内海で完結する。2008年の漁獲量は13,814トンで魚種別で最も多く、兵庫県漁獲量の33％を占める。単一種であるが、このように漁獲量が多く、内海域の環境の影響を強く受けると考えられるため、栄養塩環境との関係を検討した。

　本種は12月下旬に潮通しの良いきれいな砂地で産卵し、10日余りでふ化した仔魚は3月初めに全長約30mmに成長し、漁獲対象となる（日本水産資源保護協会，2006；反田，1998）。漁獲の主体は0歳魚であり、3～4月に船びき網で漁獲される。農林統計のイカナゴ漁獲量には0歳魚と1歳魚以上が含まれており、0歳魚だけの漁獲量はわからない。そこで、播磨灘を漁場とする標

本組合の年別 0 歳魚漁獲量を用いて検討した。イカナゴは冬季にふ化し仔稚魚期を過ごすことから、DIN 濃度は 11 〜 3 月の平均値を用いた。また、同じ期間の水温、塩分との関係も検討した。

図 4-20 にイカナゴ漁獲量と DIN 濃度の関係を示す。大阪湾、播磨灘では兵庫県と大阪府が協力してイカナゴの資源管理に取り組んでいるが、漁獲量の年変動が大きく、多い年は少ない年の 4 倍を超える。このため、漁獲量と DIN 濃度の変動との関連は見えにくいが、両者の間には統計的に有意な関係が認められた（$r=0.581$、$p<0.001$）。また、3 カ年移動平均により漁獲量の変動を平滑化すると、より明瞭に両者の同調性が確認できた。同じデータセットを用いて水温と塩分についても検討したが、いずれも漁獲量との間に有意な相関は見出されなかった（水温：$r=-0.20$、$p>0.1$　塩分：$r=-0.23$、$p>0.1$）。

以上のように、小型底びき網およびイカナゴ漁獲量と DIN 濃度との間にはそれぞれ有意な相関が認められた。また、小型底びき網漁獲量の場合には、DIN 濃度の変動から 1 〜 2 年遅れで、より高い相関が認められた。このような現象について、筆者は以下のように推測している。

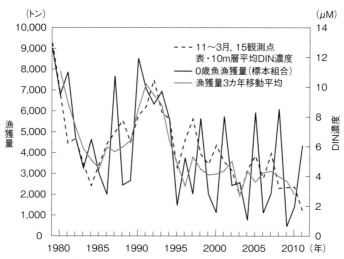

図 4-20　播磨灘におけるイカナゴ 0 歳魚漁獲量と DIN 濃度の推移
$n=33$、$r=0.581$、$p<0.01$
出典：反田・原田（2012）

栄養塩濃度の変動の影響は、様々な経路と段階を経て伝搬していくと考えられる。一般的に、海洋生態系の上位にある魚類には、餌料生物の生産過程が間に入るため、その影響が現れるまでには低次生物よりも時間がかかると推測される。また、漁業生産に影響が現れるまでには、対象種が漁獲サイズになるまでの時間がプラスされる。今回、DIN 濃度と 1 〜 2 年遅れの小型底びき網漁獲量との間に強い相関が見られた。これについては、播磨灘や大阪湾における小型底びき網の主要漁獲対象種の漁獲年齢がマダイ（0 〜 3 歳）、マコガレイ（1 〜 3 歳）、メイタガレイ（1 〜 2 歳）、マダコ（0 歳）、ガザミ（0 〜 2 歳）、小エビ類（0 〜 1 歳）などであり、主に生後 1 〜 2 年のものが多いことがその理由ではないかと推測している。仔稚魚期の栄養塩環境が餌料生物を通して、それらの生残や成長に影響を与えている可能性が考えられる。

地中海のリオン湾では、ローヌ川の河川水流出による有機物供給量の変化に対応して、多毛類（ゴカイの仲間）の種類ごとに異なったタイムラグで生息密度と生物量にピークが見られること、また、ローヌ川の流量変動と、多毛類を主食とするカレイの 5 年後の漁獲量との間に正の相関が認められている（Salen-Picard *et al.*, 2002）。

4.6　播磨灘の漁獲量の減少要因を考える

1995 年頃を転換点とした播磨灘の漁獲量の減少については、いろいろな意見が聞かれる。例えば、乱獲ではないか？　藻場や浅場・干潟が減ってしまったためではないか？　赤潮や貧酸素水塊が原因ではないか？　等である。以下では、転換点前後の漁場環境の比較に基づいて、それらの意見に対する筆者の考えを述べる。

4.6.1　獲りすぎ（乱獲）？

瀬戸内海の水産資源は多くの漁法によって高度に利用されており、獲りすぎ（乱獲）が危惧されるのは当然である。実際に、もう少し成長してから漁獲したほうが、水揚げが多くなる魚種もある（これを成長乱獲という）。兵庫県の漁業者も獲りすぎに対する不安を抱いており、1990 年頃から週休 2 日制や体

長制限などの資源管理に取り組んでいる。特に、船びき網によるイカナゴ漁では、解禁日や終了日を研究機関も交えて協議するなど、高度な資源管理が行われている（日下部ほか，2008）。

一般的に乱獲の兆候とされるのは、単位努力量当たりの漁獲量（CPUE）の減少や漁獲物の小型化などである。**図4-14**に示した小型底びき網の経営体当たり漁獲量をCPUEの近似値とみなせば、CPUEは1995年頃を境に明らかに低下している。しかし、1995年前後で小型底びき網を取り巻く漁業実態、すなわち、漁業経営体数の減少傾向に大きい変化は見られていない。したがって、CPUEの低下は、漁業側の要因よりも、漁獲対象種の平均的な再生産成功率の低下による可能性が高いと思われる。小型底びき網は多種類の魚介類を漁獲する混獲型漁法であることから、複数の種類の再生産成功率に同時に関わる要因としては、少なくとも灘スケールかそれより大きい規模の環境変化が考えられる。また、全く別漁法であり漁獲対象種も異なる船びき網でもほぼ同時期に減少傾向に転じており、このことからも漁業要因ではなく、環境要因の影響が強く示唆される。

4.6.2 干潟、浅場、藻場の減少？

干潟、浅場、藻場の減少は、漁場の喪失だけでなく、海洋生態系の機能低下を通じて、漁業生産に悪影響をもたらす。播磨灘では、播磨臨海工業地帯の沿岸部を中心に埋め立てが行われてきた。**図4-21**に、埋め立て面積および浅場面積（水深5m未満）と干潟面積の推移を示す。播磨灘の埋め立て面積は1970年代に急増したが、1980年代以後は埋め立ては抑制され、面積の増加は緩やかである。浅場面積（海図より計測）は1936年頃には6,823haあったが、沿岸域の埋め立ての進行により1978年には4,997haに減少した。しかし、その後の減少度合いは小さく、2004年の浅場面積は4,498haである。1936年頃の播磨灘には約950haの干潟が存在していたと推測されるが（海図より計測）、沿岸域の埋め立てにより、1978年に190ha、1990年には135haとなり、1936年頃の約7分の1に減少した。しかし、1990年代に入って以後の干潟面積の変化は小さい。

図4-22に兵庫県瀬戸内海の藻場面積の推移を示す。図中の本州播磨灘と

第**4**章　瀬戸内海東部の貧栄養化と漁業生産

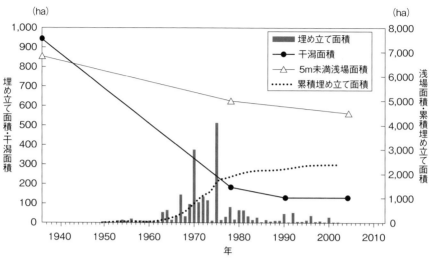

図 4-21　播磨灘における埋め立て面積、干潟面積および浅場面積の推移
出典：兵庫県ノリ漁場環境予測モデル検討委員会（2007）

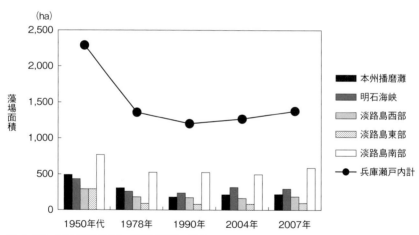

図 4-22　兵庫県瀬戸内海の藻場面積の推移
出典：兵庫県（2007）

は、埋め立て等によって藻場の消失が最も大きかった灘北部沿岸域である。この海域の藻場は1950年代から1990年にかけて大きく減少したが、その後は横ばいか若干増加傾向にある。

以上のように、播磨灘において、干潟、浅場、藻場の面積が大きく減少したのは埋め立てが集中的に行われた 1970 年代までであり、以後の変化は小さい。つまり、海岸形状が大きく変化した年代と漁獲量が急減し始めた 1990 年代後半との間には、約 15 年の隔たりがある。環境変化の影響がタイムラグをおいて生物生産に現れることは当然考えられるが、15 年の時間差は漁獲対象生物の世代サイクルから見ても長い。干潟、浅場、藻場の重要性は言うまでもないが、時間軸上の推移から見ると、それらの消失や縮小を近年の漁獲量急減の原因とするには疑問がある。

4.6.3 貧酸素水塊や赤潮が原因？

播磨灘で実施している海洋観測の結果によれば、夏季底層の溶存酸素飽和度は横ばい傾向にあり、1995 年頃以後悪化の傾向は見られない（**図 4-23**）。

播磨灘の赤潮の発生件数（延べ件数）は 1970 年代には約 50 件であったが、近年は 20 件程度で推移している。吉松（2012）は発生件数ではなく赤潮発生規模を定義し、その推移を示している。それによると、1990 年代の中頃に発生規模がやや大きい時期があるが、以後は低いレベルで推移している。これらの結果から、貧酸素水塊と赤潮は、播磨灘における 1990 年代後半からの急激な漁獲量の減少要因とは考えられない。

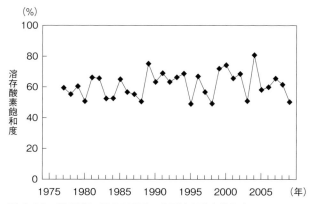

図 4-23　播磨灘における夏季の底層溶存酸素飽和度
Stn.H1 〜 15（図 4-1 参照）、底層の 8、9 月平均値

4.6.4 高水温化は？

　水温は 1980 年代から比較的明瞭な上昇傾向が認められ、2010 年頃までに約 1℃ 上昇している。イカナゴでは夏眠期の高水温が生残と再生産に影響を与える可能性が示されている（赤井・内海, 2012）。また、マコガレイも、夏季の高水温が資源量にマイナスの影響を与えると考えられる（有山, 2004）。一方、マダコは水温が高いほど漁獲量が多い傾向がある（反田，未発表）。

　水温上昇は瀬戸内海の水産資源に様々な影響を与えると考えられるが、情報は少ない。今回、漁獲量と DIN 濃度の関係を解析するにあたって、いくつかの種類について水温との関連もみたが、明確な関係は見出せなかった。水温上昇が瀬戸内海の漁獲量に与える影響については、今後の重要な検討課題である。

4.6.5 貧栄養化は？

　これまで述べたように、播磨灘では 1990 年代後半から、養殖ノリの色落ち、小型底びき網漁獲量の減少および船びき網漁獲量の減少など、漁業生産上の問題がほぼ同時期に発生している。ちょうどこの頃に、全窒素の流入負荷量の減少に関わるいくつかの出来事が起こっている。すなわち、播磨灘に流入する一級河川の水質が 1994 年の流域下水道の整備によって劇的に改善され、全窒素の流入負荷が大きく減少した。また、製鉄所は窒素の負荷源として大きいが、1993 年に姫路市内の製鉄所の高炉が稼働を停止した。また同年に窒素の排水濃度規制が、1996 年には全窒素の削減指導が始まり、全窒素発生負荷量が減少傾向に入った。これらの出来事に呼応するように、播磨灘の DIN 濃度は 1994 年に大きく低下し、以後、**図 4-4** に示したように、N/P 比が一段低いステージに移行している。

　このように、播磨灘の漁獲量が低下し始めた時期と相前後して、窒素負荷量の減少に関わる複数の出来事が起こっている。これらのことから、播磨灘では窒素の流入負荷の大きな減少が 1990 年代の中頃にあり、これにより海域の DIN 濃度が大きく低下し始め、ノリの色落ちや漁獲量の減少につながったのではないかと、筆者は推察している。

4.7　富栄養化進行期と貧栄養化進行期における漁業生産

4.7.1　漁獲物組成の変化

多々良（1981a）は、瀬戸内海の富栄養化進行期（1951 ～ 1977 年）における漁獲量の増大に伴い、漁獲物の平均栄養段階が低下したことを明らかにしている（**図 4-24**）。栄養段階とは、食物連鎖において、生産者→消費者→分解者の流れの中で、いくつかの段階を想定したものである。例えば、消費者の中にも、動物プランクトンから、それらを食べる魚に至るまで、いくつかの段階がある。ここでは、漁獲生物が何を食べているかを考え、植物プランクトン・懸濁物食性種、動物プランクトン食性種、魚食性種、とした。つまり、**図 4-24** は、食性の観点から見て魚種組成が変化したことを意味しており、具体的には、魚食性の魚が減少し、プランクトン食性魚の割合が増加したことによる変化である。

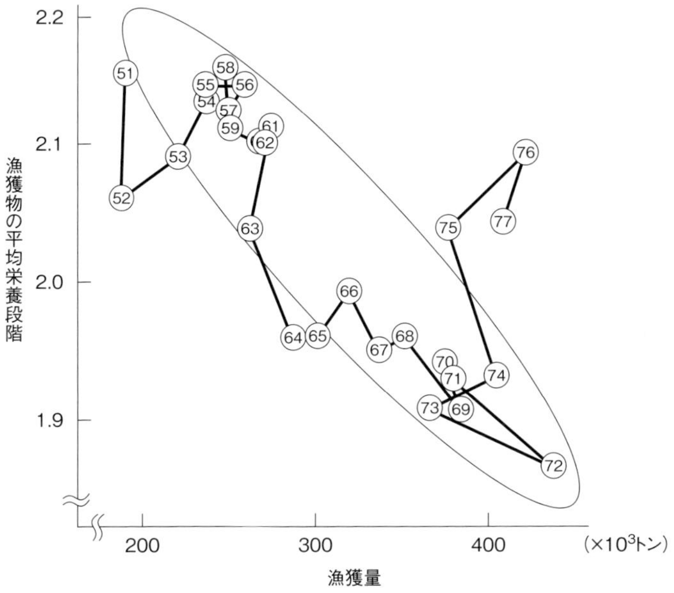

図 4-24　1951 年から 1977 年までの瀬戸内海における漁獲量と漁獲物の平均栄養段階との関係
○の中の数字は年を示し、51 は 1951 年の意味である。
出典：多々良（1981a）

第4章 瀬戸内海東部の貧栄養化と漁業生産

　播磨灘では 1970 年代中頃に全窒素発生負荷量が減少に転じたと考えられる（反田・原田，2013）。そこで、全窒素発生負荷量が減少に転じて以降を貧栄養化進行期、それ以前を富栄養化進行期とする。貧栄養化進行期における魚種組成の変化を見るため、1974 〜 2006 年の漁獲統計資料（農林水産統計から抽出した兵庫県播磨灘の統計データ）の解析を行った。解析は、継続性のない統計銘柄および海藻類を除外し、最終的に 43 銘柄について行った。各魚種の栄養段階は Tian *et al.*（2006）と多々良（1981b）を参考とした。また、生活型については辻野（2002）や南西海区水産研究所（1977）などを参考とした。

　図 4-25a は定住型種と交流型種別の漁獲量の推移である。それぞれ変動が大きいが、1990 年代後半以後、傾向として交流型種の漁獲量は概ね横ばい、定住型種は減少傾向にあり、次第に交流型種の割合が高くなってきている。図

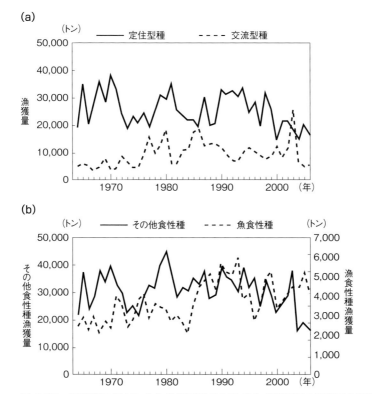

図 4-25　播磨灘における（a）生活型別および（b）食性型別の漁獲量の変化

4.7 富栄養化進行期と貧栄養化進行期における漁業生産

4-25b は、典型的な魚食性種とその他食性種別の漁獲量の推移である。年変動は大きいが、魚食性種に増加傾向が見られる一方、その他食性種は1990年代後半から減少している。図 **4-26a** は平均栄養段階の変化である。栄養段階は、典型的なケースについて、植物プランクトン・懸濁物食性種を2点、動物プランクトン食性種を3点、魚食性種を4点として計算した。魚食性種の増加傾向に対応して、平均栄養段階は上昇傾向にある。また、DIN 濃度と平均栄養段階との間には、負の相関が認められた（図 4-26b）。

今回の結果と多々良（1981a）の結果を比較すると、平均栄養段階と漁獲量の間にはどちらも負の相関が認められるが、時間の推移は逆方向である。すなわち、「富栄養化の進行、漁獲量の増加、平均栄養段階の低下」に対して、「貧

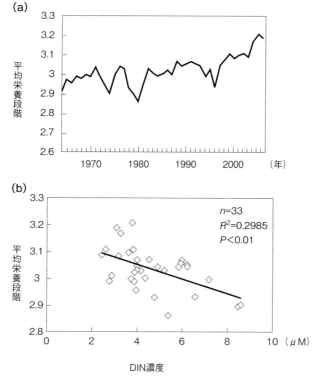

図 4-26　播磨灘における（a）平均栄養段階の変化、および（b）DIN 濃度と平均栄養段階の関係

栄養化の進行、漁獲量の減少、平均栄養段階の上昇」という逆向きの変化である。両者の解析は対象とする海域とスケールが異なるため同列の比較はできないが、富栄養化進行期には基礎生産力の上昇により植物プランクトンが増え、これによって植物プランクトン食性魚を中心に資源量と漁獲量が増大し、平均栄養段階が低下するのではないかと考えられる。また、富栄養化のピークが過ぎ、貧栄養化の段階に入ると、それまでとは逆の変化が進むと推測される。

4.7.2　富栄養化と漁業生産

　富栄養化と漁業生産の関係については、富栄養化進行期の大阪湾を対象とした研究がある。城（2002）は瀬戸内海の湾、灘ごとの単位容積当たりの窒素負荷量およびリン負荷量と単位容積当たりの最大漁獲量との間に密接な関係を見出しており（**図4-27**）、漁業生産の潜在的な可能性は窒素およびリン負荷量に依存していて、資源水準が回復すれば栄養条件が潜在的に漁業生産を左右する因子になりうると述べている。また、漁獲統計の銘柄別にリン負荷量と漁獲量との関係を検討し、いくつかの種類でリン負荷量に対して漁獲量が山型の分布を示すことを明らかにするとともに、底質の有機汚染に敏感なエビ・カニ類の漁獲量は、リン負荷量が最も低い年にピークが出現し、汚濁に対する耐性が強いとされるシャコ類やマコガレイを主とするカレイ類の漁獲量が負荷量のより高いレベルで最大となることから、これらの関係は、底生魚介類と富栄養度との因果関係の一端を示しているとしている（城，1991; 2002）。富栄養化進行期の大阪湾においてリンが検討対象となった理由は、窒素とリンのモル比が1970年代は34、1980年以後は45と高く、窒素過剰であったためと考えられる（星加，2002）。

　瀬戸内海の漁獲量は、戦後の20万トンから1980年代には45万トンへと増加した。この間の変化について、多々良（1981c）は、半閉鎖的な内海・内湾漁場における、施肥による富栄養化実験および徹底した漁獲強化実験の試み、との見方を示した。すなわち、富栄養化進行期の漁獲量の増加要因を、漁獲努力量の強化と富栄養化の進行と考えた。また、漁獲量の増大に伴い、栄養段階の高い種類が減ってプランクトン食性種など栄養段階の低い種類の割合が増加するという質的変化（劣化）も報告した（多々良，1986）。

4.7 富栄養化進行期と貧栄養化進行期における漁業生産

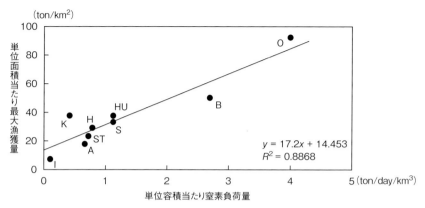

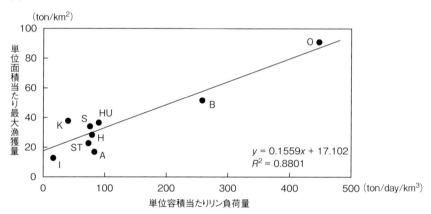

図4-27 灘別容積負荷量と最大漁獲量の関係
(a) 単位容積当たりの窒素負荷量と最大漁獲量
(b) 単位容積当たりのリン負荷量と最大漁獲量
K：紀伊水道、O：大阪湾、H：播磨灘、B：備讃瀬戸、HU：燧灘、A：安芸灘、I：伊予灘、
S：周防灘、ST：瀬戸内海平均
出典：城（2002）

　以上、富栄養化進行期に関するいくつかの報告をまとめると、富栄養化によって漁場の生産力が増大し、漁獲努力量の強化によって漁獲量は飛躍的に増加したと言えよう。このように漁獲量全体で評価すれば、富栄養化は漁船漁業

に大きいダメージを与えてはいないが、個別に見ると、底質悪化や貧酸素化によってエビ・カニ類など底生魚介類が減少し、その一方で、カタクチイワシなどプランクトン食性魚が大きく増加した。これは、一般的には高級魚が減少し低価格魚が増加することであり、水産業の面からは質的な問題が生じたと考えられる。

　では、1970年代中頃以降最近までの貧栄養化進行期には、どのような変化があったのであろうか。山本（2005）は、洗剤の無リン化等によるリン負荷量の減少によりN/P比が上昇し、赤潮の発生種が珪藻主体からラフィド藻、そしてDOP（溶存態有機リン）を利用できる渦鞭毛藻へと変化したと考えられること、そして、渦鞭毛藻は増殖速度が遅いため、食物連鎖において生態効率が低下すると述べている。また、TP負荷量が増加した富栄養化進行期には、赤潮は指数関数的に増加し、数年の遅れを伴って漁業生産が増加したが、貧栄養化進行期には赤潮発生件数は同じ軌道をたどらずにループを描くように減少し、漁業生産は数年の遅れを伴って減少したことを示した。また、それらの関係はヒステリシス（Sheffer, 1989；p.131, 第5章の**BOX**参照）の表れと解釈できるとし、その結果からリン負荷量の削減と漁業生産の減少との関連を推測した。

　樽谷・中嶋（2011）は、シャコ類、ウシノシタ・カレイ類、タコ類、エビ・カニ類について漁獲量とリン発生負荷量の関係を検討し、エビ・カニ類を除き、富栄養化進行期と貧栄養化進行期におけるリン発生負荷量の増減に対して、漁獲量がほぼ同じ経路をたどる形で応答したことを示し、それら底生魚介類とリン発生負荷量との因果関係の存在を推定した。また、エビ・カニ類の漁獲量の変化については、栄養塩以外の要因が支配的と推定している。

　海外において、海域への栄養物質の流入が漁業生産に影響を与えた例としては、エジプトのナイル川の事例がある。ナイル川では、アスワンハイダムが完成したことにより流量が大きく減少し、海域への栄養塩供給が激減した。このため、河口海域の漁獲量が大きく減少し、しばらくの間漁獲量は低迷したが、その後のカイロの人口増加、都市化などで窒素・リンの負荷量が増大し、再び漁獲量が回復した（Nixon, 2003）。現在、瀬戸内海で起こっていることと同様な事例が、海外でも見られる。

4.8 国や県レベルでも動き始めた貧栄養化対策

　近年、瀬戸内海では、ノリよりも色落ちしにくいワカメでも色落ちが発生している（住友，2008）。このことは、瀬戸内海の貧栄養化が進んでいることを示している。また、川井・山西（2011）は1981年から大阪湾で行っている生物モニタリングにおいて、近年、湾口型のケガキが湾内で分布域を北上、拡大させ、湾奥型のマガキが衰退していることについて、植物プランクトンの減少あるいは貧栄養化がもたらした現象ではないかと推測している。

　海産種子植物であるアマモは、かつての水質汚濁の進行によって分布域が激減した。アマモ場の減少は藻場喪失の代名詞のような存在であったが、そのアマモ場が近年、播磨灘でも回復してきている。理由は明らかでないが、筆者は透明度の回復が一つの要因と考えている。瀬戸内海では、ほかにも貧栄養化を示す事例があると思われる。瀬戸内海の貧栄養の実態を明らかにするためには、より多くの事例を収集し、分析を積み重ねる必要がある。

　ここで、少し国の動きを紹介したい。環境省では、総量削減制度等の実施により瀬戸内海の水質改善は進んだが、赤潮や貧酸素水塊等の発生、漁業生産量の低迷などの課題が残されており、「豊かな海」へ向けた新たな施策の展開が求められているとして、2010年9月に「今後の瀬戸内海の水環境の在り方懇談会」を立ち上げ、そこでの論議を取りまとめて、2011年3月に「今後の瀬戸内海の水環境の在り方の論点整理」を公表した。この中で基本的考え方の一つとして「水質管理を基本としつつ、豊かな海へ向けた物質循環、生態系管理への転換を図る」とする方向が示された。そして、2011年7月に、環境大臣から中央環境審議会会長に「瀬戸内海における今後の目指すべき将来像と環境保全・再生の在り方について」と題する諮問がなされ、2012年10月に答申が出された。この答申では目指すべき将来像を「豊かな瀬戸内海」とし、環境保全・再生の基本的な考え方として「きめ細やかな水質管理」、「底質環境の改善」、「沿岸域における良好な環境の保全・再生・創出」、「自然景観及び文化的景観の保全」、「地域における里海づくり」、「科学的データの蓄積及び順応的管理のプロセスの導入」が示された。

　さらに、基本的な考え方に基づく重点的取り組みの新規事項として、「栄養

塩濃度レベルの管理」や「瀬戸内海に係る計画及び法制度の点検・見直し」などが盛り込まれ、瀬戸内海の現状を踏まえた新たな考え方が示された。さらに、前述の答申をベースとした瀬戸内海環境保全特別措置法の大幅改正が検討されている。このように、瀬戸内海の環境保全施策は、それまでの富栄養化防止、汚濁負荷削減の方向から瀬戸内海の多面的価値・機能が最大限に発揮された豊かな海を実現する方向へと、新たな段階に入ろうとしている。

一方、国土交通省においても、貧栄養化問題などへの対応も含めて2012年8月に水環境マネジメント検討会が設置され、今後の水環境管理についての検討が行われている。2013年3月に発表された同検討会の報告書の中では「季節別や地先別でのきめ細かな汚濁負荷削減対策」として、「地域の実情に応じて漁業等の社会経済活動に必要な適切な栄養塩類の補給などを行い、豊かな海を再生していくということが求められる場合もある」、「放流先の状況に応じて、季節別や地先別での処理水の水質管理をより柔軟にできるようにするべきである」との考えも示されている。また、環境省と同様に順応的管理の必要性が述べられている。

このように、2012～2014年は、瀬戸内海の環境管理施策にとって大きな転換期となった。兵庫県では貧栄養対策として海域に栄養塩を供給するため、ため池の池干し（かいぼり）、海域での施肥、ダム放流、浄化センター（下水処理場）の栄養塩管理運転が行われている（反田・原田，2011）。それらはノリ養殖対策として行われているが、灘単位の栄養塩管理の視点からは浄化センターの栄養塩管理運転が最も重要である。

播磨灘に処理水を直接放流する浄化センターは兵庫県内に23カ所ある（瀬戸内海環境保全協会，2011）。このうち2012年現在、4カ所の浄化センターで栄養塩管理運転（対象は窒素）が行われている。ノリ養殖対策であるため、主に冬季に栄養塩の排出量を増やす運転をしている。技術的には排出濃度を50％程度上げることが可能であり、管理運転によるコスト増は報告されていない。2009年の播磨灘への全窒素排出負荷量は約35トンであるが、23カ所の浄化センターのすべてが管理運転を周年実施したと仮定した場合の窒素の増加割合は10％程度と推定される。栄養塩管理については、具体的な方法の検討が今後の課題であろう。

4.9 おわりに

　栄養塩管理の話を中心に述べてきたが、言うまでもなく藻場、干潟、浅場の保全や再生は重要である。それは、海洋生物の生息場というだけでなく、栄養塩循環の面からも重要である。いくら栄養塩を投入しても、それを有効に活用できる生態的機能が失われていれば、環境悪化につながってしまうからである。

　干潟地形（干潟面積）の違いによって汚濁負荷量と海域生産力の関係が異なる点については、中村（2010）の東京湾生態系モデルのシミュレーション結果がわかりやすい（**図 4-28**）。それによると、1980年頃から現在（2010年）までの汚濁負荷量の削減は、東京湾において貧酸素水塊を減らす効果と、生物生産を若干回復させる効果があった。しかし今後、現状の干潟地形のまま汚濁負荷量の削減を継続すれば、生物生産が減る領域に入っていくことが予測されている。したがって、汚濁負荷量の削減施策はそろそろ転換すべきであり、過去（100年前）の干潟地形に近づけることのほうが、生物生産力を上げるのに効

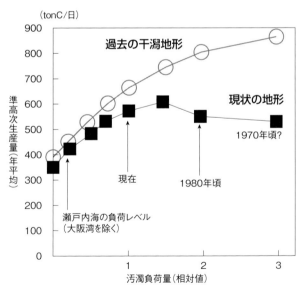

図 4-28　汚濁負荷量の変化と生物生産の応答
出典：中村（2010）を一部改変

果的であると述べている。播磨灘（瀬戸内海も含めて）ではこのようなシミュレーションは行われてないが、**図 4-28** に示したように東京湾に比べて遥かに負荷レベルが低いこと（環境省，2009）、また、海域面積に対する干潟面積の割合が小さいことから（1％未満）、播磨灘における現状の汚濁負荷量と栄養塩濃度レベルは、すでに生物生産の低下が進行している領域にあると推測される。

　近年、「里海」は国の施策でも取り上げられ、認知度は高まりつつある。また、漁業者の間にも、その考え方を大切と認識している人は多い（反田ほか，2013b）。藻場、干潟、浅場の再生と保全は、里海の考え方と活動の主要な柱である（柳，2010）。それらの活動も含めて、藻場、干潟、浅場の再生・保全と栄養塩管理を同時に実施していくことが、豊かな海の再生にとって最も重要であると筆者は考えている。

［引用文献］

赤井紀子・内海範子（2012）瀬戸内海産イカナゴの死亡と再生産に及ぼす夏眠期における高水温飼育の影響．日本水産学会誌 **78**: 399-404.

有山啓之（2004）大阪湾におけるマコガレイの生態および資源　②当歳魚、1 歳魚の現存量および小型魚再放流の評価．大阪水試研報 **15**: 36-39.

藤原建紀（1983）瀬戸内海水と外洋水の海水交換．海と空 **59**: 7-17.

藤原建紀（2013）生物との関係からみた瀬戸内海の水質の課題．用水と廃水 **55**（4）: 68-76.

原田和弘（2013）養殖ノリ生産期における播磨灘の溶存無機態窒素（DIN）濃度と養殖ノリ生産額の関係．兵庫農技総セ研報（水産編）**43**: 7-10.

星加　章（2002）海域環境の特徴とその推移―物理化学的環境．「大阪湾の海域環境と生物生産」（城　久・星加　章・中辻啓二・辻野耕實・矢持　進・長田凱夫），日本水産資源保護協会，東京，pp.12-34.

兵庫県ノリ漁場環境予測モデル検討委員会（2007）提言「兵庫県における養殖ノリの色落ち被害を防ぐために」，24pp.

兵庫県（2007）藻場造成指針，101pp.

城　久（1991）大阪湾の開発と海域環境の変遷．沿岸海洋研究ノート **29**: 3-12.

城　久（2002）富栄養化と漁業生産．「大阪湾の海域環境と生物生産」（城　久・星加　章・中辻啓二・辻野耕實・矢持　進・長田凱夫），日本水産資源保護協会，東京，pp. 104-111.

神山孝史・辻野　睦・玉井恭一（1998）夏季成層期の播磨灘海底における栄養塩類溶出量．

南西水研報 **31**: 33-43.

川井浩史・山西良平（2011）大阪湾の水環境―水質と底生生物相の変遷―．瀬戸内海 **61**: 8-13.

環境省(2009)負荷削減と水質改善の関係．中央環境審議会水環境部会総量削減専門委員会（第2回），資料6.

神戸新聞明石総局 編（1989）明石さかなの海峡―鹿ノ瀬の素顔．神戸新聞総合出版センター，神戸，207pp.

日下部敬之・岡本繁好・玉木哲也・大美博昭・辻野耕實・反田　實（2008）大阪湾および播磨灘におけるイカナゴの資源管理に係る調査研究．海洋と生物 **179**: 827-831.

永田誠一・名角辰郎・中谷明泰・鷲尾圭司・眞鍋武彦（2001）近年の播磨灘主要ノリ漁場の環境調査結果．兵庫水試研報 **36**: 59-73.

中村由行（2010）東京湾において豊かな海を実現するための今後の施策．第10回東京湾シンポジウム報告書，国土技術政策総合研究所沿岸海洋研究部，pp.15-20.

南西海区水産研究所（1977）瀬戸内海における漁業資源と漁業の展望．南西水研調査報告，第1号，pp.34-49.

(社) 日本水産資源保護協会（2006）わが国の水産業　いかなご（文責反田），pp.1-15.

Nixon, S. W. (2003) Replacing the Nile: Are Anthropogenic Nutrients Providing the Fertility Once Brought to the Mediterranean by a Great River? *Ambio* **32** (1) : 30-39.

Salen-Picard, C., Darnaude, A. M., Arlhac, D. and Harmelin-Vivien, M. L. (2002) Fluctuations of macrobenthic populations: a link between climate-driven river run-off and sole fishery yields in the Gulf of Lions. *Oecologia* **133**: 380-388.

(社) 瀬戸内海環境保全協会（2011）平成22年度海域の物質循環健全化計画検討（播磨灘北東部地域検討）業務報告書，pp.8-15.

(社)瀬戸内海環境保全協会(2012)瀬戸内海の概況．平成23年度瀬戸内海の環境保全資料集，pp.1-2.

Sheffer, D. (1989) Alternative stable states in eutrophic, shallow freshwater systems: A minimal model. *Hydrobiol. Bull.* **23**: 73-83.

住友寿明（2008）栄養塩の減少が赤潮と藻類に及ぼす影響．徳島水研だより **68**: 5-7.

武岡英隆（2006）沿岸海域における外洋起源栄養物質量の見積もり法とその問題点．沿岸海洋研究 **43**: 105-111.

反田　實（1998）イカナゴと底質．「沿岸の環境圏」（平野敏之 監修），フジ・テクノシステム，東京，pp.348-355.

反田　實（2013）瀬戸内海における栄養塩環境のモニタリングと貧栄養問題への取り組みについて．月刊海洋 **45**（8）: 371-375.

反田　實・原田和弘（2011）貧栄養化への対策事例と将来への課題．水環境学会誌 **34**: 54-58.

反田　實・原田和弘（2012）瀬戸内海東部（播磨灘）の栄養塩環境と漁業．海洋と生物 **199**: 132-141.

反田　實・原田和弘（2013）瀬戸内海東部海域の栄養塩環境の現状および改善に向けた取り組みと課題．海洋と生物 205: 116-124.

反田　實・五利江重昭・原田和弘（2013a）瀬戸内海東部における漁業と環境の現状．漁業懇話会報 62: 6-10.

反田　實・黒川優子・岡村武司（2013b）兵庫県の漁業者を対象に行った里海アンケート調査結果．瀬戸内海 66: 38-42.

反田　實・赤繁　悟・有山啓之・山野井英夫・木村　博・團　昭紀・坂本　久・佐伯康明・石田祐幸・壽　久文・山田卓郎（2014）瀬戸内海の栄養塩環境と漁業．水産技術 7: 37-46.

樽谷賢治・中嶋昌紀（2011）閉鎖性内湾域における貧栄養化と水産資源．水環境学会誌 34: 47-50.

多々良　薫（1981a）内海・内湾漁業生物の生産力について．南西水研報 13: 135-169.

多々良　薫（1981b）基礎生産と漁獲量との関係．南西水研報 13: 111-133.

多々良　薫（1981c）内海における富栄養化の進行と漁業生産．水産海洋 38: 42-49.

多々良　薫（1986）富栄養化の問題点―漁業種類別適栄養度．「漁業からみた閉鎖性海域の窒素，リン規制」（村上彰男 編），恒星社厚生閣，東京，pp.58-72.

Tian, Y., Kidokoro, H. and Watanabe, T.（2006） Long-term changes in the fish community structure from the Tsushima warm current region of the Japan/East Sea with an emphasis on the impacts of fishing and climate regime shift over the last four decades. *Progress in Oceanography* 68: 217-237.

津田　覚（1974）環境科学ライブラリー 11 瀬戸内海．大日本図書，東京，pp.131-136.

辻野耕實（2002）魚種別（主要種）にみた湾の生態的利用状況．「大阪湾の海域環境と生物生産」（城　久・星加　章・中辻啓二・辻野耕實・矢持　進・長田凱夫），日本水産資源保護協会，東京，pp.90-97.

浮田正夫（1998）瀬戸内海への汚濁負荷．「瀬戸内海の自然と環境」（柳哲雄編・合田健監修），神戸新聞総合出版センター，神戸，pp.178-198.

Yamamoto, T.（2003） The Seto Inland Sea － eutrophic or oligotrophic? *Mar. Poll. Bull.* 47: 37-42.

山本民次（2005）瀬戸内海が経験した富栄養化と貧栄養化．海洋と生物 158: 203-213.

山本民次・松田　治・橋本俊也・妹背秀和・北村智顕（1998）瀬戸内海底泥からの溶存無機態窒素およびリン溶出量の見積もり．海の研究 7: 151-158.

柳　哲雄（2010）里海創生論．恒星社厚生閣，東京，160pp.

吉松定昭（2012）赤潮規模を指標とした赤潮発生の推移．瀬戸内海 63: 46-48.

第5章 瀬戸内海におけるアマモ場の変化
——生態系構造のヒステリシス

堀　正和・樽谷賢治

5.1 はじめに

　沿岸域はサンゴ礁やマングローブ林、藻場や干潟など、重要な生態系を多く含み、海洋で最も単位面積当たりの生物多様性と生態系機能が高い海域である。沿岸域は海洋面積のわずか9%にすぎないが、その総一次生産量は海洋全体の約4分の1を占めている(Duarte and Cebrian, 1996)。沿岸域の生態系サービスの価値見積もりでは、判明している生態系サービスだけでも、単位面積当たり外洋域のおよそ16倍であり、全球面積に引き延ばしても、外洋域の1.5倍になるとされている (Costanza et al., 1997)。現在は生態系の様々な価値に対して科学的により適切な評価手法が考案・整理されつつあり (Barbier et al., 2011)、海洋における沿岸域の重要性は増す一方である。

　その高い価値のため、沿岸域は古来より人間活動の場として利用されてきた。特に内海・内湾部は海洋環境も静穏であることから都市や工業地域としても開発され、その結果として自然海岸と都市・工業地域が入り混じった複雑な景観を示すようになった。つまり、自然の恩恵を利用するだけでなく（受動的な利用）、改変して積極的に利用することを選択してきたことを意味する（能動的な利用）。それに伴い、河川流入を介した水質汚染など、様々な要因による環境改変が顕在化した。そのため、生態系機能とサービスの劣化に加え、その安定的・持続的利用に対し必須要因とされる生物多様性への影響も懸念されるようになった（堀ほか, 2007）。近年では、海洋基本計画において生物多様

性保全と生態系サービスの持続的利用の両立が明記されており、また2012年には、IPBES（生物多様性および生態系サービスに関する政府間科学政策プラットフォーム）の設立等に見られるように、国際的枠組みによる多様性保全と生態系サービスの持続的利用の両立を目指した海域管理が求められている。

本稿では、長年の間、栄養塩規制という海域管理が行われてきた瀬戸内海を中心に、富栄養状態からの貧栄養化に伴う生物群集と生態系サービスの変化について議論する。特に、栄養塩濃度の減少が透明度の改善を促し、その効果がプラスに働く底生生態系の変化について、アマモ場を例に紹介する。

5.2　沿岸域におけるヒステリシス―漂泳生態系と底生生態系の関係

沿岸域の生態系機能をつかさどる生物生産と生物多様性は、主に植物プランクトンを基盤とする漂泳生態系と底生藻類・海草類を基盤とする底生生態系に依存し、両生態系が密接に関わり合いながら構成されている。この両生態系の関わりは、過去にはベンシック（底生）― ペラジック（漂泳）カップリングと呼ばれ、お互いに補償し合う関係であることが強調されてきた（Menge et al., 1997）。しかしながら、近年では沿岸域の富栄養化問題との関連から、補償関係よりむしろ競争関係にあることに注目が置かれ、その関係は多くの場合ヒステリシスの状態にあることが解明されつつある（Petraitis, 2013）。

ヒステリシスとは、ある系の状態が、現在生じている現象の影響だけでなく、過去に起こった現象の影響を継続しながら変化することをいい、生態学では、カタストロフィックシフト、レジームシフトと呼ばれることもある（**BOX**参照）。ヒステリシスは多くの場合、二つの系平衡が存在する**図5-1**のような曲線になる。ある生態系からもう一方の生態系に変化する場合と、その逆の方向に変化する場合では、元にいた生態系の履歴を引きずることによって臨界点が異なる。さらに、それぞれの系で安定化する平衡状態にあるため、その臨界点を超えるには大きな作用を必要とする。ヒステリシスは湖沼や河川、あるいは砂漠など、比較的閉鎖的な生態系において生じることが知られてきた。

これらの研究は2000年代を中心に盛んに行われており、当時の議論については Sheffer et al.（2001）をはじめ、日本語でも加藤（2005）などに丁寧な

> **BOX** 用語解説—ヒステリシス、カタストロフィックシフト、レジームシフト

本書で多出する用語の一つに「ヒステリシス」がある。ヒステリシスとほぼ同義とされる用語に「カタストロフィックシフト」や「レジームシフト」があるが、使い分けが人により異なるため、以下に用語の定義および3語の関係、使い方について整理する。

1. ヒステリシス (Hysteresis)

現在は生態学用語ともなっているが、もともとは物理学の電気回路で使われる語であり、一般性は高い。日本語では「履歴効果」と訳されることが多く、生態学関連の書籍でも「ヒステリシス」、「履歴効果」、ともに良く使われている。一般には、ある系の状態が、現在生じている現象の影響だけでなく、過去に起こった現象の影響を継続しながら変化することをいう．例えば、x軸で与えた独立変数が、小→大に変化する場合と、大→小に変化する場合で、y軸の従属変数の変化が、それぞれの履歴の影響によって異なる曲線となる。曲線の変化率が大きい場合、二つの曲線はかなり大きく乖離することになる。

2. カタストロフィックシフト (Catastrophic shift)

「非連続な突発的な変化」という意味であり、一般的によく用いられる言葉である。生態学では、生物相（種組成）や豊度が急に変化する場合に使われる。

3. レジームシフト (Regime shift)

1980年代に川崎健博士により初めて使われ、現在では世界中の魚類生態学者が好んで使っている言葉で、大気—海洋系の周期的変動が海洋生態系に影響を与え、ひいては生態系高次の魚類資源の変動をも引き起こす現象を指している．ただし，それ以前より、生態学の分野では同じ現象を Alternative stable states や Catastroph theory と一般的に呼んでおり、これらが最初に用いられたのは1960年代後半から1970年代であった。これらの理論においては、レジームにはフィードバック現象など、その状態にとどまろうとする（安定化しようとする）力が働いていることを前提としており、そのレジームの力を超える力が働いた場合、別のレジームに変化するとしている。現在ではこの解釈の延長線上にレジームシフトが位置付けられているため、レジームシフトとは「平衡点のあるレジーム間を非線形に変化する現象」、とされている。前述のヒステリシスやカタストロフは、このレジームシフトにおける非線形な変化の過程の一つと言える。

したがって、本章における漂泳系と底生系の話を例にすると、平衡点のあるフェイズ（漂泳生態系と底生生態系）間を変化する現象がレジームシフト、その際、突発的に非連続に変化が起こるのであればその過程はカタストロフィックに生じており、さらにそのカタストロフはヒステリシスに起因している、ということになる。

第5章 瀬戸内海におけるアマモ場の変化——生態系構造のヒステリシス

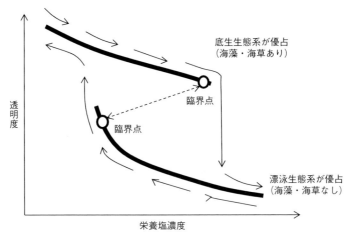

図5-1 沿岸域で想定されるヒステリシスの模式図
堀ほか（2014）を改変。

解説を見ることができる。その一方で、当時の沿岸域を対象とした議論では、半閉鎖的あるいは開放的で潮汐流動なども頻繁に起こるため、果たしてこのような現象が確認できるのか半信半疑であった。

　このヒステリシスを沿岸域全体の生物相、あるいは物質循環に当てはめてみる。まず、漂泳生態系が優占する状態から底生生態系が優占する状態へ移行する場合は、最初に植物プランクトンの現存量が多いために、休眠細胞の形成や種組成の変化、あるいはフェノロジー（生物の季節変化）や生活史の変化など、植物プランクトンが自らの現存量を保つための対応が可能である。つまり、栄養塩変化に対する現存量の自己安定化作用（履歴効果）が働くため、栄養塩濃度の臨界点は自己安定化作用が働かない場合よりも低くなる。逆に、底生生態系が優占する状態から漂泳生態系が優占する状態に移行する場合では、初めは藻場面積や現存量が大きいために、底質を安定化させて再懸濁を防止し、透明度を維持する、あるいは栄養塩が水中へ回帰することを抑えるなど、植物プランクトンより藻場が有利になる水質条件を保つことができる。あるいは、現存量が多いので大量・迅速な種子形成を行い、何らかの要因で一時的に現存量が減少しても急速に回復できるメカニズムが働くこともある。これらの自己安定化作用によってさらなる富栄養化にも耐えることができ、そのために臨界点が

高くなる、というイメージである。

　沿岸域において藻場は生物多様性の宝庫と言われ、"海のゆりかご"という言葉に代表されるように、高い生物生産によって沿岸域の生態系機能を支える重要な生態系であると言われてきた。しかしながら、1950年以降、世界各地で水質悪化や埋め立てなどによる劣化が進み、近年では温暖化に伴う環境変動の影響も複合的に作用し、その分布を大きく減少させてきた。そのため、近年では日本各地でも環境への配慮が着実に進み、藻場や水質環境を再生する活動が行われるようになった。そのなかでも瀬戸内海は「瀬戸内海環境保全特別措置法」（以下、瀬戸内法）の制定以降、富栄養化が緩和されて水質改善が確実に進んできた海域である。

　しかしながら、最近では逆に貧栄養化に伴う漁業生産の減少が問題視され、栄養塩レベルを上げることも検討されている。確かに、富栄養化が生じていた時代でも確実に漁業生産が確保できたノリ養殖、植物プランクトンを利用するカキ養殖など、あるいは他の二枚貝類を対象とした漁業などでは、貧栄養化は大きな問題となりそうである。また、魚類を対象とした海面漁業でも、富栄養化の激しかった1970～1980年代で漁獲量が多く、あたかも瀬戸内海の底生生態系は漁業生産に寄与していないかのように見える。これは、上述した藻場生態系に対する一般論と相反する現象である。

　この原因は、瀬戸内海の漁業対象となっている魚種の組成にある。1960年以降、富栄養化に伴い増加した漁業生産は、その多くが漂泳生態系に由来する魚種で構成されていた（瀬戸内海環境情報センター，2014）。カタクチイワシをはじめ、イカナゴやマイワシ、これらの魚種を餌とするブリ、タチウオ、サワラなどがその代表となる。また、植物プランクトンを餌とするアサリやハマグリなどの二枚貝も含まれる。その一方、アジ類や底生生態系に由来するイカ・タコ類、マダイなどは逆にこの時期は少なく、藻場が回復し始めた1990年代後半から2000年以降に生産量が増加している（せとうちネット，2014）。マダイの場合は栽培漁業の成果も含まれるとはいえ、生活史の一時期を藻場に依存する種は富栄養化の緩和とともに資源量が増加する傾向が確認できる。いずれにせよ、この漁業生産の問題も含め、現在の貧栄養化に伴う生態系サービスの変化を明らかにするためには、沿岸域の生態系構造と生態系機能との関係にお

いて漂泳生態系、底生生態系の双方の役割の違いを区別した議論が理解を深めると考えられる。

そこで次節からは、主要な底生生態系である藻場の変遷を的確に把握することを目的とし、特に水質改善に伴う (1) 最新の藻場面積増減の把握、(2) 生態系機能・サービスの変化の評価、の2点に焦点を当てた。まず5.3.1においては、水質改善に伴う藻場面積の増減状況を全国レベルで把握し、対象となる瀬戸内海の藻場の変化の特徴を捉えるとともに、特に瀬戸内海のアマモ場について詳細な変化を示した結果を紹介する。次に、瀬戸内海のアマモ場を対象に、近年のアマモ場の回復に伴う生態系サービスの変化について整理する。そして5.3.2では、主要な調整サービスであるアマモ場による炭素吸収・固定に注目する。これは、海洋基本計画にも"地球温暖化への対策の一環として二酸化炭素回収・貯留機構"と明記され、今後の沿岸海洋管理における重要事項に挙げられている。次に5.3.3で、アマモ場の主要な供給サービスでもあり、貧栄養化問題の中で重要な案件とされている漁業生産量の変化について、ある一例をもとに議論する。最後の5.3.4に、アマモ場の主要な文化サービスとして、藻場の回復と同時に近年盛んになりつつあるルアーフィッシングの現状について整理した結果を紹介したい。

5.3　藻場の変遷

5.3.1　藻場面積の現状把握

アマモ場は様々な生態系サービスを発揮するが、それらを大きくまとめると七つに分類することができる（水産庁，2014）。アマモの高い一次生産力に起因する1）水質浄化（栄養塩の吸収）、2）二酸化炭素の吸収・固定、3）原材料の供給、アマモ場の物理的構造に起因する4）波浪の軽減・海岸線の保護、その両者の複合作用である5）生物多様性の保持、6）食料の生産、7）レクリエーションの場の提供、である。いずれのサービスもアマモ草体1本当たりの一次生産量に加え、アマモの株密度や面積の広がりと密接に関係する。そのため、アマモ場の生態系サービスの全容を理解するためには、藻場面積の現状を把握する必要がある。

2011年を基準とした全国の藻場の面積をガラモ、コンブ、アラメ・カジメ、アマモに区分し、それぞれを北海道、東北、太平洋、日本海、瀬戸内海、東シナ海、南西諸島の各海域別に集計した例がある（堀ほか，2014）。この例では、1990年時に環境庁によって集計された結果と比較して、ガラモ場の面積は海域によって微減しており、コンブやアラメ・カジメ類の面積は大きく減少している傾向が確認されている。これら大型褐藻類の藻場は近年磯焼けが進み、藻場面積の大幅な衰退が現場調査からも報告されており、その傾向と一致する結果である。その一方、アマモ場の面積は多くの海域で増加しており、特に北海道および瀬戸内海において大幅な増加が確認された。

このアマモ場面積の増加について、瀬戸内海を例に詳しく見てみる。**図 5-2**は、筆者らが堀ほか（2014）と同様の手法で人工衛星画像より抽出したアマモ場面積の集計結果と、既存知見を利用した1970年代後半および1990年前後の集計結果を灘別に示した結果である。大阪湾、紀伊水道など瀬戸内海東部と広島湾では1990年代からの増加が見られないが、備讃瀬戸、備後芸予瀬戸、周防灘、伊予灘など、瀬戸内海西部海域で顕著な増加が確認できる。おそらく、東部海域では1990年代の時点で分布面積がわずかしか残っていなかったため、その少ない面積から新たに分布を広げることが困難であったこと、海岸線の大部分が都市部で人工海岸が多く、アマモが生える浅場が少ないこと、また大都市近郊で海水の透明度が低く、深場にも分布を拡大できないこと、などが原因となり、分布の変化が少ないと考えられる。つまり、東部はアマモが分布を拡大できる潜在的な場所が少ないことが示唆される。その一方、西部は島嶼部などに自然海岸が多く残っており、浅場あるいは深場にアマモが分布を拡大できる場所が存在していることが推測できる。

瀬戸内海のアマモ場の変化を水深別に見てみると、4m以深の深場で面積が増大し、逆に浅場では減少する傾向が確認できた（**図 5-3**）。アマモ場の分布水深の下限は一般に光環境により制御されるため、透明度の改善によって瀬戸内海西部のアマモ場が増加した可能性が高いと言える。赤潮などの植物プランクトン密度の減少、水中懸濁物の減少など、透明度改善にかかる要因はいくつか挙げられているが、その大部分は瀬戸内法による規制の成果であろう。その一方で、浅場での分布面積の減少は、埋め立て等による直接的な生息場所の減

第5章 瀬戸内海におけるアマモ場の変化——生態系構造のヒステリシス

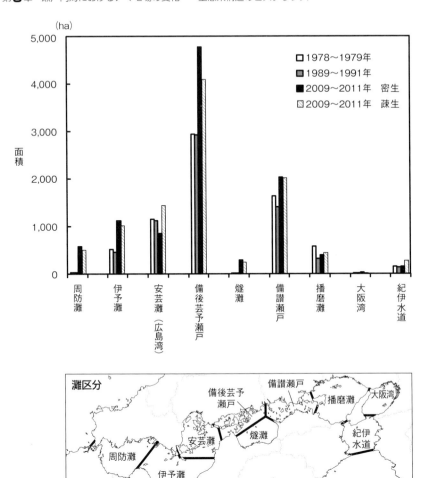

図 5-2 瀬戸内海の灘別アマモ場面積の変遷
灘区分は吉田ほか（2010）を一部改変、農林水産省の漁獲統計資料の灘の地理区分に準拠。1978〜1979年のデータは環境庁第2回自然環境保全基礎調査、1989〜1991年のデータは第4回同調査、2009〜2011年のデータは人工衛星（ALOS）画像から解析した面積を示している。人工衛星画像の解析では、株密度が高く、分布範囲が明瞭に識別できるアマモ場（密生）に加え、株密度が低く、海上からの目視では分布範囲が明瞭でない遷移過程にあるアマモ場（疎生）も識別できるため、分離して記載してある。過去の環境庁による調査では聞き取りによる分布調査が含まれるため、海上からの目視でも明瞭に識別できるアマモ場（密生）と比較するのが妥当であると考えられる。

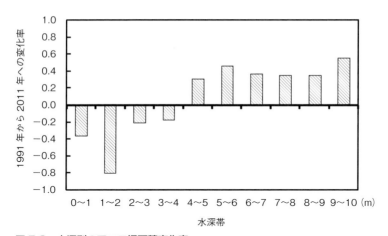

図 5-3　水深別のアマモ場面積変化率
1990 年のデータは環境庁第 4 回自然環境保全基礎調査（1989 ～ 1991 年に実施）の集計結果、2011 年のデータは人工衛星画像（2009 ～ 2011 年に撮影）の解析結果の集計結果を用いている。値が正ならば 1991 年から増加していることを示し、負であれば減少していることを示す。堀ほか（2014）を改変。

少が第一の要因として挙げられる。瀬戸内法には埋め立ての原則禁止も含まれていたが、制定後も引き続き行われ、禁止後だけでも約 13,000 ha の浅場が消失した。この面積は、当時の瀬戸内海全域のアマモ場面積の約 2 倍に相当する。

また、夏場の海水温の上昇による浅場での生息適地の減少もその要因として考えられる。アマモは一般に海水温が 28℃ を超えると枯死を始めると言われており（水産庁・マリノフォーラム 21，2007）、著者らの広島湾での観測では、アマモの生息水深となる水深 3 m 以浅で 28℃ を超える日が多くなってきている。つまり、瀬戸内海のアマモ場は本来の生息場所である浅場から、透明度に分布が大きく影響される深場へ生息場所を変えつつあることを示唆している。

5.3.2　アマモ場の調整サービス

アマモ場の生態系サービスのうち、炭素の吸収・固定機能については、沿岸域における重要なブルーカーボンとして認識されている（Nellemann *et al.*, 2009）。ブルーカーボンとは、海藻や海草、あるいは植物プランクトンによる光合成など、海洋生態系が二酸化炭素を吸収し、その炭素を生物が利用する過

程で生態系に蓄積される炭素量のことをいう。海洋が固定する炭素は陸より多く（海洋：陸域＝7：3）、その中でも全海洋面積のうち0.2％しかない沿岸域でその50％以上が固定されていると言われている。

　ここでいう吸収量とは、海藻・海草や植物プランクトンなど、植物が光合成によって取り込んだ炭素量のことをいい、固定量とは、吸収された炭素が海底の堆積物となったり、あるいは深海に沈降して長期間保存されたりする炭素量のことを指す。これは陸上の樹木が蓄える炭素量「グリーンカーボン」に相当し、海藻・海草や植物プランクトンが吸収した炭素量のうち、生物の呼吸や微生物による分解などによって海中から大気中へ放出される炭素量を差し引いた量として計算される。海中に長期間貯蔵されるという意味合いから、ブルーカーボン・シンクとも呼ばれる。特に、沿岸域でも塩生湿地、マングローブ林、アマモ場でその作用が高く、将来の気候変動対策においても重要視されている生態系サービスである。

　アマモ場における炭素の吸収・固定量についても、藻場面積と同様に、瀬戸

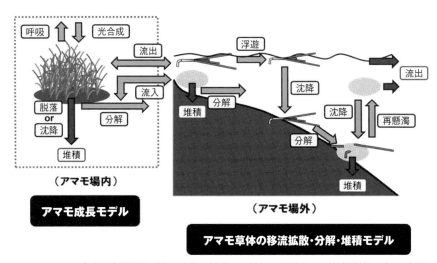

図5-4　アマモ由来の有機炭素が瀬戸内海に拡散する状況を予測する、炭素動態モデルの概要
アマモ場内でアマモによって有機化された炭素のうち、そのいくらかが草体のままアマモ場外へ輸送される場合、アマモ場内で分解された後、懸濁態有機物としてアマモ場外へ輸送される場合を想定している。独立行政法人水産総合研究センター（2014a）を改変。

内海を対象として評価が行われている（独立行政法人水産総合研究センター, 2014a）。具体的には、瀬戸内海におけるアマモ起源の炭素動態を把握するために、まずアマモ場内を対象にアマモによる炭素吸収量（成長量）・固定量（堆積量）・分解量を現場調査と数理モデルによって推定している。次に、その結果をもとに**図 5-4** のようなアマモ場外へ流出したアマモ由来の有機炭素の移流・拡散を想定し、その動態について瀬戸内海全域を対象とした流動モデルでシミュレーションを実施している。

　この評価では、瀬戸内海のアマモ総生産量のおよそ 41％が、1 年後に分解されずに瀬戸内海の底泥に堆積していると推定されていた。その多くはアマモ場内およびその周辺海域に堆積するが、アマモ場外へ流出した有機炭素も燧灘や広島湾内に少なからず堆積する結果が得られている。また、総生産量の 8％は瀬戸内海から外洋部へ流出し、その多くは深海へ沈降して固定され、残りの 51％が分解されて生物生産へ回帰すると推定されている。

　それでは、1990 年と 2011 年の間で、瀬戸内海のアマモ場における炭素の吸収・固定量はどの程度変化したのだろうか。アマモ草体 1 本当たりの成長量は、成育環境が改善した 2011 年時点のほうが大きくなると考えられるが、年代差よりもむしろ同一年代での場所間変異のほうが大きいため、その年代差による影響は統計的に有意ではない可能性がある。そこで、単純にアマモ場面積の変化のみを考慮したところ、瀬戸内海のアマモ場では、2011 年時点の年間炭素吸収量は、1990 年と比較して 2.0 〜 3.1 倍に増加していると推定された。したがって、富栄養化の影響が強かった時代と比較して、アマモに由来する炭素の堆積量は年間で約 15,000 〜 20,000 トン増加し、瀬戸内海から深海へ流出した量は約 3,000 〜 4,000 トン増加した計算になる。**表 5-1** に見積もり結果を示す。

　瀬戸内海の藻場による一次生産量は、1990 年時点の計算で植物プランクトンによる一次生産のおよそ数％〜 10％と見積もられている（橋本ほか, 2009）。2011 年時点での植物プランクトンによる一次生産量が 1990 年と同等と仮定した場合、上記の 2011 年での年間炭素吸収量を用いて試算すると、その割合は最大 20 〜 30％にまで増大していると予測される。

　実際は、貧栄養化に伴い、植物プランクトンの一次生産量が低下し、底生生態系による一次生産の割合はさらに大きくなっているはずである。顕花植物で

第5章 瀬戸内海におけるアマモ場の変化——生態系構造のヒステリシス

表5-1　瀬戸内海のアマモ場面積と年間炭素吸収量、堆積量、流出量の見積もり

2011年の瀬戸内海のアマモ場で吸収された炭素量	73,000	ton C
堆積量（41%）	30,000	ton C
流出量（8%）	6,000	ton C
1990年から2011年で瀬戸内海のアマモ場面積が2倍になったとした場合		
推定される1990年時当時の吸収量	36,000	ton C
堆積量（41%）	15,000	ton C
流出量（8%）	3,000	ton C
1990年から2011年で瀬戸内海のアマモ場面積が3.1倍になったとした場合		
推定される1990年時当時の吸収量	24,000	ton C
堆積量（41%）	10,000	ton C
流出量（8%）	2,000	ton C

あるアマモは、海藻のように葉だけでなく、根からも栄養塩を吸収できる。したがって栄養塩濃度が下がった状態では、植物プランクトンによる一次生産量が減少する一方で、底質中の栄養塩を利用できるアマモが有利になるのは当然であると言える。もちろん植物プランクトンであっても、大型種は沈降して底層付近に溶出した栄養塩を利用できる種がある。しかし、アマモが存在する場所では底質を抑えて粒子の再懸濁を抑制するため、この場合もアマモが植物プランクトンと比べて有利になりそうである。

次に高次生産への寄与についても考えてみよう。ブルーカーボンの固定量は一次生産量から二次生産・分解に用いられる量を差し引いた値として算出されることから、逆に吸収量から固定量を差し引けば生物生産に用いられた炭素量、という解釈も可能である。そうすると、2011年の時点で底生生態系から生物生産へ移行した炭素量は37,000トンとなり、1990年時点の19,000トンから25,000トン増加していることになる。もちろん、この値には無機化される炭素も含まれる。そのため、すべてが高次生産量とすることはできないが、瀬戸内海全体の漁業生産量が2007年時で約190,000トンであることを考えると、少なくない増加量だといえる。

このアマモの増加に加え、人工衛星の画像解析による面積評価ではガラモ類の分布範囲も増加しており、この増加も底生生態系の高次生産への寄与率に貢

献しているはずである。海藻については詳細な調査を行っておらず、詳しいことは不明ではあるが、おそらく、現在の栄養塩濃度は海藻類の成長にも不利であるが面積を減少させるほどではなく、それよりも透明度改善による面積の増加の効果のほうが強いのかもしれない。

5.3.3 アマモ場に関連した漁業生産の変化

　上述したように、瀬戸内海の漁業対象種は漂泳生態系に依存した魚種が多い。そのため、貧栄養化に伴う漂泳生態系の一次生産性の低下は漁業生産の減少に直結しただろう。その一方で、底生生態系であるアマモ場の回復は、本当に漁業生産に寄与していないのだろうか？

　瀬戸内海においてアマモ場の分布面積の増加が顕在化したのは2005年前後からであり、まだ10年も経っていない。そのため世代時間の長い魚種、その多くは高次消費者に相当するが、分布面積の増加に十分に追随していない可能性が考えられる。その一方、上述したイカ・タコ類は底生生態系に依存する数少ない漁業対象種であり、世代時間が短いために、分布面積の最近の変動にも対応している可能性がある。

　このアマモ場の分布面積と漁獲量の関係について、アマモ場の回復が著しい岡山県下の海域で評価した例を紹介しよう（独立行政法人水産総合研究センター，2014b）。確かに、コウイカの仲間やシバエビ・ヨシエビの仲間など、世代時間の比較的短い魚種はここ5年間で増加傾向にあると報告されている。また、アマモ場の周囲に仕掛けた小型定置網で漁獲される魚種のうち、いわゆる雑魚と呼ばれてしまう小型魚類の漁獲量はその多くが同様の傾向を示し、全魚種の約50％が増加傾向を示していた。

　もちろん、漁業生産への直接の関与だけがアマモ場の機能ではない。幼稚魚の育成など、一般的に認知されている"ゆりかご"機能が漁獲量に反映されるにはもう少し時間がかかりそうである。それらの機能が現状では確認できる段階にないのか、あるいはアマモ場由来の一次生産は低次生産で頭打ちとなり、高次生産まで寄与していないのか、アマモ場の分布面積の増加が顕在化したばかりの現段階では、判断が難しいところである。

5.3.4 アマモ場の文化サービスの変化

　近年、アマモ場の回復に並行して隆盛してきた文化サービスに、ルアーフィッシングがある。その主要な対象魚はメバル、スズキ、アオリイカの3種であり、透明度の改善によって藻場の増加とともに釣り場も増加しているようである。また、これら3種は視覚で餌生物を認識することが多いため、透明度の改善が直接的にルアーフィッシングの増加に関連していることも言われている。そこで、ルアーフィッシングの現状を把握し、大まかではあるがその経済価値を釣りにかかる費用面から試算を試みたので、最後にその結果を紹介する。

　まず、瀬戸内海でのルアーフィッシング対象魚である上記3種に関する情報が掲載されている釣り雑誌、約80冊から各魚種の釣り場の位置情報を収集し、GIS上で瀬戸内海全域での集計を行った。その結果、メバルの釣り場が4,248地点、スズキが2,486地点、アオリイカが2,767地点存在していた（**図5-5**）。この釣り場地点と2011年時点でのアマモ場の分布とを重ね合わせ、各釣り場の半径100 m以内にアマモ場が含まれる釣り場と含まれない釣り場に分割した結果、アマモ場を含む釣り場はメバルで約85％、アオリイカで約90％、スズキで約60％であった。この結果は、少なくともメバルとアオリイカの釣り場数はアマモ場に依存することを示唆している。

　次に釣り場単位での、延べ釣り人数、平均漁具価格、釣行にかかる旅費平均を集計し、これらの値から釣り人が釣りを行うために支払った費用を計算した。次に、その値を釣り場に含まれるアマモ場面積で割り、アマモ場1 ha当たりの経済価値として換算した。瀬戸内海沿岸の各府県でその平均値を比較したところ、最も経済価値が高かった府県が兵庫県および大阪府であり、1 ha当たり年間約700万円程度と見積もられた。この理由として、大都市近郊で釣り人数が他地域よりかなり多いこと、アマモ場が少ないため一つの釣り場に釣り人が集中することが挙げられる。その一方、アマモ場面積が多い瀬戸内海西部各県ではほぼ同等の価格となり、1 ha当たり年間約100万円程度となっていた。これは大阪府・兵庫県と正反対の理由で、アマモ場が多いために釣り人が分散し、延べ人数が少ないことがその理由となっている。

　ルアーフィッシングのような遊漁では釣るという行為を楽しむため、必ずしも釣り人口が資源量の多さを反映していない。しかし、魚がいなければ釣りは

5.3 藻場の変遷

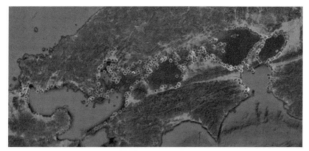

メバルの釣り場：4,248 地点

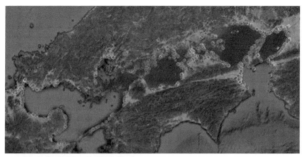

スズキの釣り場：2,486 地点

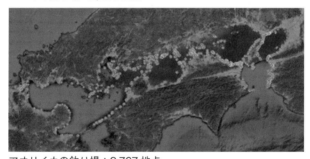

アオリイカの釣り場：2,767 地点

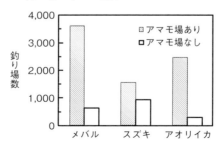

図 5-5　釣り情報誌に掲載されていた各魚種（メバル・スズキ・アオリイカ）の釣り場の位置、および各魚種の釣り場内のアマモ場の有無

第5章 瀬戸内海におけるアマモ場の変化——生態系構造のヒステリシス

成立しないので、釣りができるということは対象となる魚種がアマモ場に存在していることを意味する。これらの対象魚種は漁獲対象種でもあるが、上記の岡山県海域の例ではこれら3種の漁獲量の増加は確認されていない。今後藻場の回復に伴い、遊漁の対象だけでなく、漁獲量にも反映されうる資源量となることを望みたい。

5.4 おわりに—「豊かな海」の生態系構造を考える

　瀬戸内海の生態系構造は植物プランクトンの一次生産に由来する生態系と、藻場の一次生産に由来する生態系の二極があり、少なくとも透明度を軸としたヒステリシス構造とみなすことで栄養塩問題をより明確に整理できそうである。瀬戸内海の主要な底生生態系であるアマモ場は現状で増加傾向を示している一方、時空間変動がかなり激しいことも報告されている。一時的な透明度の低下や、海水温上昇による枯死、植食魚類による食害など、局所的な変動を引き起こす要因が多く存在する。特に、アマモ場の分布拡大は深い水深帯へと伸張することで起こっているため、本来の生息場所である浅場より光制限が強く働く深場では、生息環境の変化に大きく影響を受けるであろう。透明度の変化が微細であっても、藻場生態系が再び大きく崩壊する脆弱性を有していると言える。

　瀬戸内海は埋め立て等により戦後だけで約30,000 haの浅場を失っているため、浅場に形成される底生生態系の割合はどうしても小さくなる。そのためヒステリシス構造において、必然的に漂泳生態系へ偏ることが想像できる。

　漂泳生態系へ偏った生態系構造の典型として、東京湾が例に挙げられよう。20世紀初頭までアマモ場の海であった東京湾も、富津干潟と盤洲干潟にわずかに残すのみである。そのため、底生生態系を代表する高次消費者であるはずの異体類（カレイ・ヒラメの仲間）も、漂泳生態系の一次生産に依存せざるを得ないようである。筆者らが東京湾で漁獲されたマコガレイ成魚を対象に炭素・窒素安定同位体比分析を行った結果でも、その値は赤潮を起源とする一次生産に由来していた（図5-6）。このマコガレイの主要な餌生物は多毛類（ゴカイの仲間）であり、その多毛類は底層へ沈降した赤潮由来の有機物を利用してい

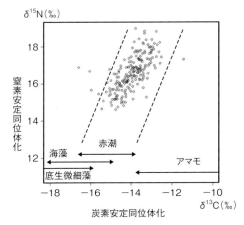

図 5-6　東京湾におけるマコガレイ成魚（産卵親魚）の窒素・炭素安定同位体比
図中に東京湾における一次生産者の炭素安定同位体比の平均的範囲を示してある。
破線は $\delta^{13}C : \delta^{15}N = 1 : 3$ となる傾きを示しており、栄養段階間の濃縮係数として一般的な指標とされている。

ることになる。都市化で多くの海岸線が護岸され、底生生態系が成立できる浅場を失った結果である。大阪湾など、瀬戸内海の大都市部でも、富栄養化が進んでいた時代は（あるいは現在も？）東京湾に類似した生態系構造であったかもしれない。

　ヒステリシス構造において、漂泳生態系が安定するフェイズから底生生態系が安定するフェイズへ移行するためには、フェイズを安定化させる力よりも強い力が必要である。瀬戸内海では、瀬戸内法による貧栄養化がその力となってきたことは間違いないだろう。ただし、深場にアマモ場が成立している状況は、浅場に成立する一般的な状況とは異なり、脆弱な状態にあると言える。浅場では変化が生じないようなわずかな透明度の変化でさえ、アマモ場が消滅してしまうだろう。このような状況では底生生態系が優占する平衡点があるのかどうか、疑問が残る。平衡点が存在するなら、その力をかけ続けることで底生生態系が安定するフェイズへシフトするであろうし、存在しないのであれば、力がかかっている間だけ底生生態系が増加し、力がなくなれば漂泳生態系へ戻ることになる。今後は、その精査が重要だと考える。

第5章 瀬戸内海におけるアマモ場の変化——生態系構造のヒステリシス

　現在の瀬戸内海の漁業生産量は海面養殖が50％以上を占め、海面養殖の46％を占めるカキ養殖は植物プランクトンを利用し、43％を占めるノリ養殖は栄養塩を利用する。また、漁船漁業においても漁業生産として挙げる魚種の多くは漂泳生態系の一次生産に依存している。これらの割合を考えれば、単純に漁業生産を回復させるだけであれば、優先すべき生態系はどちらか、その答えは自明なのかもしれない。また、瀬戸内海の西部と東部では環境が異なり、東部は多くの海岸線が護岸・都市化され、西部は都市部も多いが広大な藻場を含め自然豊かな島嶼部が残る。したがって、浅場を欠く東部の都市部は底生生態系を形成することが難しく、上述した東京湾のように漂泳生態系が必然的に優占する環境であろう。しかしながら、西部は発達した都市部と自然海岸が隣接する複雑な海岸線を呈している。そのため、東部と西部では今後目標とする生態系の姿に対して、異なる管理手法で取り組む必要があるだろう。特に西部では都市部から自然豊かな海域への影響が出ないような管理が望まれる。

　瀬戸内海は幸運にも、海水交換は西側の豊後水道から入り、紀伊水道から抜けていく。例えば、西部と東部で栄養塩レベルを変え、西部は低栄養塩で底生生態系への配慮、東部は漂泳生態系の補強、というような、異なる管理が可能ではないだろうか。そういった、環境条件・景観構造に応じた地域レベルでの管理は、現在改正が検討されている瀬戸内法でも考慮されることを望みたい。

　また、漁業生産を向上させる目的だけで藻場生態系を消失させても良い、というわけではないだろう。第一に、底生生態系が安定する平衡状態が存在するのであれば、今後漁業生産が向上する可能性も残っている。過去には貧栄養状態でも漁業生産を生み出せる藻場生態系が存在したはずである。1960年以前は瀬戸内海のアマモ場は22,000 ha以上の面積を有し、現在より古い漁具・漁法や漁船でも、現在と同程度の漁業生産を保っていた。栄養塩濃度が高く、漂泳生態系の一次生産が高くても、藻場生態系が存続していたのかもしれない。現在はその移行期であるがために、同じ藻場面積、栄養塩状態であっても、漂泳生態系のヒステリシスの影響により、生産性がいまだ上がらないだけかもしれない。

　ある物事に対する関係者、あるいは生態系であれば、その恵みを受けるすべての人々を「ステークホルダー」と呼ぶが、瀬戸内海のステークホルダーは、

漁業者のほかにも、管理に関わる人々、生活の場としている人々など、多種多様である。二酸化炭素吸収などの環境、多島美などの景観、あるいは潮干狩りや魚釣りなどのレジャーなど、沿岸域は様々な生態系サービスを有している。そのステークホルダーの組成は地域によって異なり、また地域によって浅場面積や水質環境も異なる。各ステークホルダーのニーズに応えるためには、それぞれのニーズに必要な環境が必要である。

　したがって、ニーズの多様性が環境の多様性を促し、結果的に多様な環境維持による頑強で持続的な沿岸生態系サービスが構築されれば、それは「豊かな海」へ一歩近づいたことにはならないだろうか。栄養塩問題も含め、瀬戸内海を多様な意味での「豊かな海」に戻すために、その生態系管理をどう行っていくべきか、瀬戸内海の生態系構造を客観的な視点でモニタリングを続けることに加え、ステークホルダーとそのニーズの地域性と多様性を、的確に把握することが必要であると考える。

[引用文献]

Barbier, E. B., Hacker, S.D., Kennedy, C., Koch, E.W., Stier, A. C. and Sillman, B. R.（2011）The value of estuarine and coastal ecosystem services. *Ecological Monographs* **81**: 169-193.

Costanza, R., d'Arge, R., de Groot, R., Farber, S., Grasso, M., Hannon, B., Limburg, K., Naeem, S., O'Neill, R.V., Paruelo, J., Raskin, R. G., Sutton, P. and van den Belt, M.（1997）The value of the world's ecosystem services and natural capital. *Nature* **387**: 253-260.

独立行政法人水産総合研究センター（2014a）水産庁平成25年度地球温暖化対策推進費「藻場・干潟の炭素吸収源評価と吸収機能向上技術の開発」委託事業報告書．独立行政法人水産総合研究センター瀬戸内海区水産研究所，94pp.

独立行政法人水産総合研究センター（2014b）水産庁平成25年度生物多様性に配慮した漁業推進事業年度末報告書−Ⅰ海洋保護区の検証と推進．独立行政法人水産総合研究センター中央水産研究所，170pp.

Duarte, C. M. and Cebrian, J.（1996）The fate of marine autotrophic production. *Limnology and Oceanography* **41**: 1758-1766.

橋本俊也・清水健太・吉田吾郎（2009）沿岸海域の低次生態系に対する藻場の役割．生物圏科学：広島大学大学院生物圏科学研究科紀要 **48**: 63-68.

堀　正和・上村了美・仲岡雅裕（2007）内海性浅海域の保全・持続的利用に向けた生態系機

能研究の重要性．日本ベントス学会誌 **62**: 46-51.
堀　正和・濱岡秀樹・吉田吾郎（2014）生態系構造の変化にともなうヒステリシスとその脆弱性．水産海洋研究 **78**: 239-242.
加藤元海（2005）生態系における突発的で不連続な系状態の変化－湖沼を例に－．日本生態学会誌 **55**: 199-206.
Menge, B. A., Daley, B. A., Wheeler, P.A., Dahlhoff, E., Sanford, E. and Strub, P. T.（1997）Benthic-pelagic links and rocky intertidal communities: Bottom-up effects on top-down control? *PNAS* **94**: 14530-14535.
Nellemann, C., Corcoran, E., Duarte, C. M., Valdes, L., DeYoung, C., Fonseca, L. and Grimsditch, G.（2009）Blue Carbon. The role of healthy oceans in binding carbon. United Nations environment Programme, GRID-Arendal, Norway, 78pp.
Petraitis, P．(2013)　Multiple stable states in natural ecosystems. Oxford University Press, 200pp.
Scheffer, M., Carpenter, S., Foley, J. A., Folke, C. and Walker, B.（2001）Catastrophic shifts in ecosystems. *Nature* **413**: 591-596.
せとうちネット
　　http://www.env.go.jp/water/heisa/heisa_net/setouchiNet/seto/kankyojoho/shakaikeizai/sangyo-3.htm　（2014年6月30日確認）
瀬戸内海環境情報センター
　　http://seto-eicweb.pa.cgr.mlit.go.jp/env/theme/a_weight0.html　（2014年6月30日確認）
水産庁（2014）藻場・干潟の二酸化炭素吸収・固定のしくみ：ブルーカーボンの評価．独立行政法人水産総合研究センター瀬戸内海区水産研究所，8pp.
水産庁・マリノフォーラム21（2007）アマモ類の自然再生ガイドライン．水産庁，220pp.
吉田吾郎・堀　正和・崎山一孝・梶田　淳・西村和雄・小路　淳（2010）瀬戸内海の各灘における藻場・干潟の分布特性と主要魚種漁獲量との関係．水産工学 **47**: 19-29.

北海沿岸における貧栄養化と水産資源変動

児玉真史

　欧州の沿岸海域においても、わが国と同じように20世紀中頃から富栄養化が進行し、赤潮や貧酸素水塊など様々な問題が引き起こされた。その後、現在に至るまで、窒素やリン等の流入負荷の削減施策が進められ、水質は一定の改善を見ている。一方で、この間、生産量が減少し続けている水産資源もあり、供給される栄養塩類の減少による貧栄養化の影響が指摘されている。本稿では、海外の事例として、欧州における水質環境と生物生産の変遷を、北海の南岸から東岸、オランダ、ドイツ、デンマークにかけての沿岸域に焦点を当てて紹介する。

6.1　欧州における栄養塩負荷管理

　北海、バルト海、地中海といった欧州の主要な海域は、何カ国にも面していることがその大きな特徴である。これらの海域は地勢的に極めて重要であり、水産資源の供給という意味でも重要な役割を担ってきた。しかしながら、第二次世界大戦後、1960年代頃からこれらの海域への栄養塩類の負荷の増大と深刻な富栄養化問題、漁業被害が各地で報告され始めた。その規模は、地中海のラグーンのように比較的小さなものから、バルト海のように全域に及ぶものまで多岐にわたっており（Artioli et al., 2008）、わが国と同様に沿岸と流域の開発・発展、すなわち、大きな社会状況の変化に伴った欧州全域に及ぶ問題であったことがうかがわれる。

このような状況の中で、1970年代からイギリスやスウェーデンといった国々では、地域横断的な水質問題への取り組みが始められ、それ以降1990年代までに、海域とその流域圏の統合的な管理を行うための枠組み—北東大西洋におけるOSPAR commission、バルト海におけるHELCOM commission、地中海のBarcelona convention—などが登場した。沿岸海域を含む水域の環境改善は、その生態学的・経済的重要性から、これらの国家間の枠組みとは別に、EC（European Commission：欧州委員会）やEU（European Union：欧州連合）などの超国家の共同体組織においても優先度の高い議題として活発な議論が進められ、1990年代初頭から、陸域を含む水域へ流入する栄養塩類の負荷を削減・制御するための様々な指令（directive）が設定されてきた。その代表的なものとして2000年に発効された水質環境施策の基本法であるWater Framework Directive（水枠組み指令）があり、その他の個々の指令としては、農業由来の硝酸態窒素など窒素化合物による流域汚染を削減するためのNitrate Directiveや都市および特定の産業からの汚濁負荷を削減するためのUWWTD（Urban Waste Water Treatment Directive）などが挙げられる。

　欧州における富栄養化問題の特徴は、窒素・リン負荷の多くが農業に由来していることであろう。本稿で取り上げた北海の場合、2005年時点で農業由来の窒素負荷が60％（OSPAR条約締約国の平均）と最大の負荷源となっており、リンについても30％以上が農業由来であると報告されている。1988年および1989年に出されたOSPAR/PARCOM勧告の中では、各国の1985年時点の負荷を窒素・リンともに50％削減することが目標として掲げられた。これは農業以外の産業や家庭由来も含めた目標であり、各業界において削減対策がなされた。その結果、農業由来の負荷のうち窒素については、ベルギー、イギリスといったわずかに増加した国を除けば、2005年までに約20〜30％の削減がなされ、流域への窒素負荷の削減に大きく貢献した。一方、農業由来のリンについては、ノルウェーやスイスのように約40％まで大幅に削減された国があるものの、その他の国々では微減あるいは微増にとどまっている。

　農業以外の負荷源では、産業由来、家庭由来の負荷の削減率はわが国と同様に高い。産業については、1985年から2005年までに、ベルギー、ドイツ、オランダといった北海南岸に面した国々で、窒素・リンともに軒並み80％以上、

特にオランダではリンについて実に97％の負荷削減が達成されている。その他の国々でも削減率が50％に届かなかったのはスウェーデンやノルウェーなどの一部の国々のみであった。

家庭排水由来の負荷については、全体の負荷に占める割合はいずれの国でも数％以下にすぎないが、下水道の整備が着実に進められた結果、窒素・リンともに約40〜90％の削減がなされ、これも農業負荷と同様にオランダやドイツで削減率が高い。

こうした数十年にわたる様々な枠組みのもとでの栄養塩類の負荷削減が行われた結果、欧州の多くの流域・海域で栄養塩のレベルは低下し、環境は一定の改善をみたようである。しかしながら、期間や流域を細かく分割して評価した場合には、必ずしも栄養塩レベルが低下している流域ばかりではないことも事実であり、単純にひと括りにして語ることは現時点では困難である（Bouraoui and Grizzetti, 2011）。そこで次節では、一つの事例として、北海の南岸から東岸のオランダからドイツ、デンマークに至る海域に焦点を当て、栄養塩環境の変遷と水産資源変動の関係を見ることにする。

6.2　北海南東部の栄養塩環境の変遷

北海は古くから漁業が盛んな海域で、漁獲技術の発達とともに漁獲量は徐々に増大し、1980年代に300万トンを超えるピークを迎えた。1990年代以降は減少傾向にあるものの、現在でも200〜250万トン前後の水揚げがある豊かな漁場である。

最も漁獲量が多い魚は、魚粉飼料に用いられるイカナゴ（sand eel）などで、全漁獲量の半分以上を占めている。食用とされる魚種では、タイセイヨウニシン（Atlantic herring）の漁獲量が最も多く、次いでタイセイヨウタラ（Atlantic cod）、ヨーロピアンプレイス（European plaice, *Pleuronectes platessa*：以下、プレイス）といった魚が金額的にも主要な水産資源となっている。

このうちプレイスは、北海漁業の主体である底びき網漁業によって南部および東部沿岸を中心に漁獲されるカレイ類で、北海を象徴する魚の一つである。主に10〜50m前後の浅海域に分布し、多毛類、甲殻類、二枚貝類など底生

第6章 北海沿岸における貧栄養化と水産資源変動

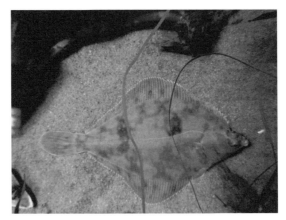

図 6-1　ヨーロピアンプレイス
(European plaice, *Pleuronectes platessa*)

生物を主な餌としている（図 6-1）。成熟個体は、夏季には索餌のために北海中央部から北部に、冬季には産卵のために南部沿岸海域を回遊するが、孵化後の仔稚魚は、成長するまでその周辺にとどまるため、北海南部のオランダからドイツが面する沿岸域はプレイスの生産を支配する極めて重要な成育場となっている（Rijnsdorp and Pastoors, 1995; Bolle *et al.*, 2009）。

　一方、この南部は北海の沿岸部で最も人口密度が高く、また、流入する河川の流域面積は約 43 万 km^2 と、北海へ流入する全河川の流域面積の半分を占める場所である。北海に供給される陸域由来の負荷の 6 ～ 8 割程度が河川由来であることを考えると、北海で最も陸域負荷の影響を受ける海域であるとも言える。主な河川として、エルベ川、ウェーザー川、エムス川などがあり、中でもエルベ川が流域面積約 15 万 km^2、年平均流量 32 km^3 と最大である。

　エルベ川はチェコとポーランドの国境地帯のステーティ山地に源を発し、チェコ北部からドイツ東部の大都市ハンブルグを通って、ユトランド半島の西側の付け根に注ぐ国際河川である。エルベ川流域は歴史的に人間活動に強く支配され、順流域（河道内で潮汐の影響を受けない区間）においては 1950 年代から 1980 年代にかけて、硝酸態窒素で 160 μM から 400 μM、リン酸態リンで 5 μM から 15 μM という、急激な濃度上昇が報告されている。これら栄養塩濃度のピークはやはり 1980 年代であり、第二次世界大戦後の急速な産業の

発展や洗剤へのリン添加剤の導入が進んだ時期と一致する。

　1990年以降はいずれの栄養塩とも大幅な濃度低下が見られたが、2000年以降はアンモニア態窒素、リン酸態リンの濃度低下はごくわずかで、硝酸態窒素のみが2007年までに6割以上と継続的に濃度が低下した（Amann et al., 2012）。こうした河川水中の栄養塩類の濃度の変遷は、前節で述べた様々な栄養塩負荷削減施策の効果が大きいものと考えられるが、同時に、東西冷戦の終焉に伴う旧東ドイツやチェコスロバキアでの工業や農業の崩壊、都市システムの構造変化も、栄養塩負荷量の減少に寄与したとする指摘があるのは興味深い。いずれにせよ、エルベ川を含め、北海南岸から河川を通じて海域に流入する物質の量はTN（全窒素）で1977年から2000年の間に年平均722,000トンであったが、この間に年間17,000トンの割合で減少し、TP（全リン）も1980年代の80,000トンから1990年代の25,000トンまで大幅に減少した（Radach and Pätsch, 2007）。

　こうした河川・流域環境の変遷に対する海域の応答は、いくつかの長期モニタリングデータに見ることができる。エルベ川河口から約70km沖合のヘルゴラント島近傍では、1960年代初頭から週5日という高い頻度で表層水の水温、塩分、栄養塩濃度をはじめとする充実したデータが蓄積されている（Wiltshire et al., 2010; Hickel, 1993）。

　このデータを解析した報告によれば、アンモニア態窒素はデータの記録開始時の1960年代が最も濃度が高く（10 µM前後）、2000年代まで単調に低下を続け、2 µM以下まで低下した（**図6-2**）。また、リン酸態リンの濃度は、1960年代の0.5 µM程度から上昇が始まり、80年代初頭に1.0 µMに達するピークを迎えた後低下し始め、2000年代には1960年代よりも低いレベルとなった。一方、硝酸態窒素濃度はリン酸態リンよりも遅れて80年代に入ってから急激に上昇し始め、1980年代後半から1990年代前半に30〜40 µMに達した。その後、1990年代後半から急激に濃度が低下し、2000年代中頃までに1960年代のレベル10 µM前後にまで戻った。

　一方、植物プランクトンおよび底生生物の変遷については、オランダ沿岸の西部ワッデン海を対象としたモニタリングデータを用いて1970〜1977年、1978〜1987年および1988〜2003年の三つの期間に区切った整理が行われて

第**6**章　北海沿岸における貧栄養化と水産資源変動

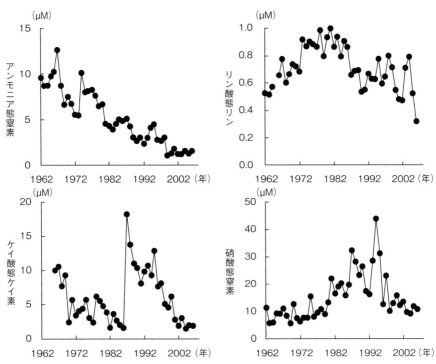

図6-2　北海沿岸ヘルゴラント島における栄養塩濃度の変遷
Wiltshire et al.（2010）より数値を読み取って作図。

いる（Philippart et al., 2007）。これによれば、クロロフィル a 濃度で評価した植物プランクトンの現存量は、富栄養化が進行した第1期（1970〜1977年）から第2期（1978〜1987年）にかけて2倍以上に増加し、その後、貧栄養化した第3期（1988〜2003年）になっても同程度のレベルで推移した。ただし、種組成で見ると、珪藻類は第1期から第2期には増加したものの、第2期から第3期にかけては減少傾向にあり、この間、鞭毛藻類が大幅に増加して、珪藻類に置き換わって植物プランクトン現存量の維持に寄与していた（**図6-3**）。また、基礎生産量については、第1期から第2期にかけては現存量と同様に増加したが、第3期にかけては植物プランクトンが高レベルを維持した傾向とは異なり、低下していた。

　一方、第1期から第2期にかけてのマクロベントス（体長1mm以上の底

6.2 北海南東部の栄養塩環境の変遷

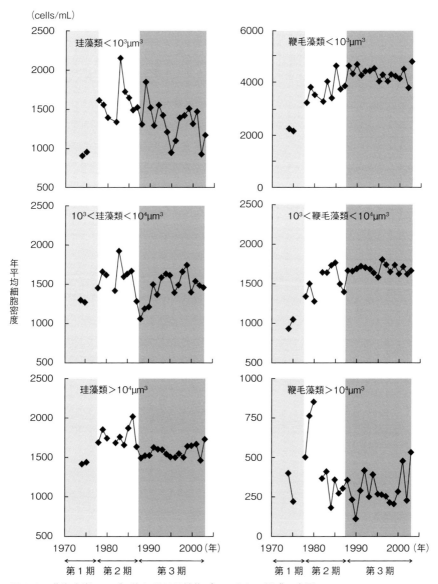

図6-3 北海南岸ワッデン海における植物プランクトン組成の変遷
Philippart *et al.*（2007）より数値を読み取って作図。

生生物）の現存量は、植物プランクトンと同様にほぼ2倍に増加し、第2期および第3期では変動が大きくなっていた。第1期から第2期にかけての現存量の増加には、堆積物食者および雑食性の種の寄与が大きく、第2期から第3期にかけてはこれらの種は減少傾向にあったが、この間の年々の細かな全体の現存量の変動には、ろ過食性の二枚貝の増減が寄与していた。

このように、富栄養化が進行した時期の生態系の応答は、比較的単純な生産性の向上として説明することが可能であると思われるが、栄養塩類負荷が削減されて以降の応答は単純ではなく、その傾向は富栄養化の進行期に比べて複雑かつ不明瞭である。これは、彼らのデータにも示されている通り、種組成など生態系の構造変化によって、いわゆるヒステリシスという現象で説明される経路をたどったことを示しているものと考えられる（「ヒステリシス」については第5章 p.131 の **BOX** を参照）。

以上、見てきたように、北海沿岸海域は、この50年余りの間に流域の環境変化や負荷削減施策の推進を受けて、富栄養化の進行とその後の貧栄養化という劇的な栄養塩環境と生態系の変化を経験した。それでは、こうした環境変化に対して、この海域を成育場とするプレイスはどのような影響を受けたのであろうか。

6.3　北海南東部におけるプレイス資源変動

上述の通り、プレイスは北海沿岸の国々にとって重要な水産資源である。1950年代末に約7万トンであった北海での漁獲量は徐々に増加し、1980年代後半に15万トンに達した。しかしながら、その後2000年代にかけて漁獲量は急激に減少し、現在では5万トン前後で推移している（**図6-4**）。漁獲量の増加期は、技術の発達による漁獲努力量の増加および漁獲効率の向上による影響に加え、富栄養化が進行した時期に対応することから、漁獲量の増加には海域の生産力の増大も寄与したと推察される。

こうした中、漁獲量の最大値を記録した時期と前後して、プレイスの資源分布の異変、特に南部沿岸浅海域の成育場における1歳以下の若齢魚の減少と沖合への分布域の移動が顕著であることが報告され始めた（Rijnsdorp and van

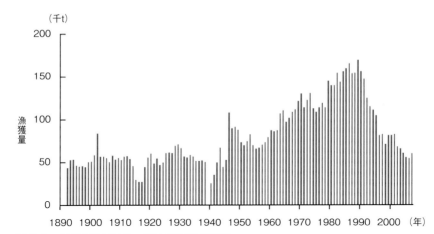

図 6-4　北海におけるプレイスの漁獲量の変遷
Rijnsdorp and van Leeuwen（1996）および Rijnsdorp *et al.*（2010）より数値を読み取って作図。

Leeuwen, 1996; Rijnsdorp *et al.*, 2010）。一方、ほぼ同じ時期に、オランダ沿岸からデンマーク西岸に及ぶ浅海域を対象とした保護区 Plaice Box が設定された（Beare *et al.*, 2013）。この Plaice Box は、主に混獲によって投棄される仔稚魚の保護を目的として産卵場および成育場である浅海域での操業を制限したもので、この Plaice Box の導入により、この海域での漁獲努力量は最大で1割以下にまで削減された。

しかしながら、期待された資源回復の効果は確認されず、2000 年代に入っても、浅海域での若齢魚の分布の減少と資源の低迷が続くこととなった。このため、この近年のプレイスの異変には、人間の漁業活動ではなく、浅海域の環境の変化、具体的には海水温の上昇と栄養塩環境の変化が大きく影響を及ぼしている可能性が指摘されてきた。

水温について言えば、北海沿岸の水温は近年上昇傾向にあり、前述のヘルゴラント島のモニタリングデータによれば 1962 年から 2007 年にかけて 1.67℃上昇している（Wiltshire *et al.*, 2010）。プレイスは冷水性の種であり、水温が 20℃を越えると成長阻害が見られることが報告されていることから、本来沿岸域にとどまる若齢魚が、水温が比較的低い沖合に分布が移動している可能性は考えられる。このような水温上昇による直接的な影響と同時に、間接的な影響

も指摘されている。すなわち、高水温はプレイスの代謝を活性化させ、より高いエネルギー、多くの餌を要求するために水温が上昇した浅海域で餌生物の生産性が同じ場合でも餌が不足し、より好適な場所を求めて成長段階の早い時期で水温の低い沖合へ移動している、とする指摘である（Teal *et al.*, 2008; van Keeken *et al.*, 2007）。

　実際には、北海南東部沿岸では 1990 年代以降、貧栄養化が進んだことから、さらに餌不足が深刻化した可能性もある。こうした観点での解析として、Rijnsdorp and van Leeuwen（1996）は、1950 年から 1992 年までのデータを用いて、北海のプレイスの成長と栄養塩環境、水温等いくつかの環境因子との関係について整理を行っている。これによれば、30 cm までの比較的小型のサイズクラスの年間成長速度は、リン酸態リン濃度と有意な正の相関があり、その影響度は小型になるほど強くなっていた。また、資源加入量を指標とした解析でもリン酸態リン濃度と正の相関があり、富栄養化しているほどプレイスの加入に好適であることを示唆する結果となった（Rijnsdorp, 2010）。

　2000 年頃までの北海におけるプレイス資源の指標とリン負荷やリン濃度の増減はほぼ同じような時期に起こっており、プレイスのような沿岸域で底生生物を主な餌とする魚は、基礎生産量および海底に供給される有機物量の変化を通じて栄養塩環境の影響を強く受けると考えられることから、両者の間に何らかの因果関係がある可能性は高い。しかしながら、プレイスの漁獲・資源変動の要因として、栄養塩環境以外にも、上に述べた水温のほか、アザラシや海鳥による食害、底びき網漁業による海底の撹乱による影響も指摘されている。さらに、海域を細かく区切った場合や異なる期間のデータを用いた解析では、富栄養化した環境がマイナスに働くという報告もあり、環境要因とプレイス資源の応答の構造は単純ではない（Tulp *et al.*, 2008）。

　また、2013 年までの最新のデータを用いた解析では、これまで報告されてきたリンではなく、海域の全窒素濃度とプレイスの資源量に正の相関が見出されている（児玉ほか, 2014）。これは栄養塩環境の変遷の 6.2 節で見たように、2000 年以降はリンに関する変化は小さく安定し、主に硝酸態窒素の負荷が減少する中で、沿岸域の生態系に影響を及ぼす新しいフェイズに入ったことを示唆している可能性がある。

6.4 おわりに

　以上見てきたように、欧州北海沿岸においても、わが国とほぼ時期を同じくして富栄養化が進行した後、陸域からの栄養塩負荷の削減施策が進められて貧栄養化した。また、その影響が強く示唆される生態系の応答と水産資源の変動も見出されている。これらの解析には、長期間にわたるデータの蓄積があったことが大きく寄与している。

　本稿で取り上げた北海の事例のように、異なる海域での特性や共通の現象を抽出して比較する中から現象の理解を進めることは、わが国における有用資源の持続的生産のために望ましい栄養塩環境を提示するうえでも極めて重要である。今後、海洋環境データや水産資源に関するデータだけでなく、わが国では依然として不足している低次生態系や底生生物も含めた、生態系に関する包括的な情報と併せて、継続的なデータ蓄積を図っていく必要があろう。

[引用文献]

Amann, T., Weiss, A. and Hartmann, J.（2012）Carbon dynamics in the freshwater part of the Elbe estuary, Germany: Implications of improving water quality. Estuarine, *Coastal Shelf Science* **107**: 112-121.

Artioli, Y., Friedrich J., Gilbert, A. J., McQuatters-Gollop, A., Mee, L. D., Vermaat, J. E., Wulff, F, Humborg, C., Palmeri, L. and Pollehne, F.（2008）Nutrient budgets for European seas: a measure of the effectiveness of nutrient reduction policies. *Marine Pollution Bulletin* **56**: 1609-1617.

Beare, D., Rijnsdorp, A. D., Blaesberg, M., Damm, U., Enekvist, J., Fock, H., Kloppmann, M., Röckmann, C., Schroeder, A., Schulze, T., Tulp, I., Ulrich, C., van Hal, R., van Kooten, T. and Verweij, M.（2013）Evaluating the effect of fishery closures: Lessons learnt from the Plaice Box. *Journal of Sea Research* **84**: 49-60.

Bolle, L. J., Dickey-Collas, M., van Beek, J. K. L., Erftemeijer, P. L. A., Witte, J. I. J., van der Veer, H. W. and Rijsndorp, A. D.（2009）Variability in transport of fish eggs and larvae. III. Effects of hydrodynamics and larval behaviour on recruitment in plaice. *Marine Ecology Progress Series* **390**: 195-211.

Hickel, W., Mangelsdorf, P. and Berg, J.（1993）The human impact in the German Bight: Eutrophication during the three decades（1962-1991）. *Helgoländer Meeresuntersuchungen* **47**: 243-263.

児玉真史，Stedmon, C.and Støttrup, J.（2014） 北海沿岸における貧栄養化と資源変動．水産海洋研究 **78**: 249-250.

Philippart, C. J. M., Beukema, J. J., Cadee, G. C., Dekker, R., Goedhart, P. W., van Iperen, J. M., Leopold, M. F. and Herman, P. M. J.（2007）Impacts of nutrient reduction on coastal communities. *Ecosystems* **10**: 95-118.

Radach, G. and Pätsch, J.（2007） Variability of continental riverine freshwater and nutrient inputs into the North Sea for the Years 1977-2000 and its consequences for the assessment of eutrophication. *Estuaries and Coasts* **30**: 66-81.

Rijnsdorp, A. D. and Pastoors, M. A.（1995） Modelling the spatial dynamics and fisheries of North Sea plaice （*Pleuronectes platessa* L.） based on tagging data. *ICES Journal of Marine Science* **52**: 963-980.

Rijnsdorp, A. D., Peck, M. A., Engelhard, G. H., Möllmann, C. and Pinnegar, J. K. （2010） Resolving climate impacts on fish stocks. *ICES Cooperative Research Report* **301**: 372pp.

Rijnsdorp, A. D. and van Leeuwen, P. I.（1996） Changes in growth of North Sea plaice since 1950 in relation to density, eutrophication, beam-trawl effort, and temperature. *ICES Journal of Marine Science* **53**: 1199-1213.

Tulp, I., Bolle, L. J. and Rijnsdorp, A. D. （2008） Signals from the shallows: In search of common patterns in long-term trends in Dutch estuarine and coastal fish. *Journal of Sea Research* **60**: 54-73.

van Keeken, O. A., van Hoppe, M., Grift, R. E. and Rijnsdorp, A. D. （2007） Changes in the spatial distribution of North Sea plaice （*Pleuronectes platessa*） and implications for fisheries management. *Journal of Sea Research* **57**: 187-197.

Wiltshire, K. H., Kraberg, A., Bartsch, I., Boersma, M., Franke, HD., Freund, J., Gebühr, C., Gerdts, G., Stockmann, K. and Wichels, A. （2010） Helgolamd Roads, North Sea: 45 Years of Change. *Estuaries and Coasts* **33**: 295-310.

第7章 栄養環境の変遷と水産覚え書き

鷲尾圭司

7.1 はじめに

「水圏の貧栄養化問題」というと、かつては豊かな栄養があって栄光の時代を謳歌していたが、それが失われつつある状況への悲嘆が感じられる。果たして富栄養化時代は栄光の時代だったのだろうか。

確かに1980年代の漁獲高のピークから見れば半分以下に減少したことは、栄光と挫折のように見える。しかし、ピークの主体はマイワシの史上例を見ない大豊漁であったし、バブル経済による魚価の高騰が生産量を押し上げていたことも背景にある。

また、1980年代から90年代は地球環境問題への関心が高まり、当時の富栄養化時代の環境持続性について多くの疑問が指摘されてもいた。赤潮やヘドロといった印象に残る汚濁の進行は「きれいな海」の再生に期待が寄せられるものの、容易には解消できないあきらめ気分も漂っていた。

しかし、それが思いのほか「きれいに見える海」が早く現れ、さらに貧栄養化という新たな局面が見えてきて、問題視されたのが2000年代に入ってからのことである。これまでの水質対策において、富栄養化が当たり前で浄化の促進が重要であるという方向性を、貧栄養化という新たな視点から再検討を求めるというのが、今の問題意識であろう。

話は変わるが、沿岸漁業において大豊漁というのを聞き取り調査すると、多くの漁村で普段は貧しい漁村暮らしであっても数十年に一度くらい大豊漁が

第**7**章 栄養環境の変遷と水産覚え書き

あって、その時は村を総出で稼いで蔵を建てたそうだ。そして、豊漁は数年を待たずに終わって、再び訪れる不漁の日々を耐えるのが漁村の暮らしだったという。そんな昔話と比べると、1960年代から90年代の継続した大豊漁というのは、史上まれに見る事態であったことが知れる。おそらくは自然だけの現象ではなく、人為的な働きかけがあって生じた一種のバブルのような大豊漁であったと考えるべきものだろう。

数十年にわたって人為的に生み出された水圏環境の激変は、富栄養化というバブルを形成し、そして今、貧栄養化局面を迎えている。これは瀬戸内海の問題だけではなく、多くの内水面でも、日本列島全体でも起こっているものと考えられる。戦後の食糧難を乗り切るために国土に投入された資源と情熱が大地や海の富栄養化をもたらし、その情熱と資源配分がグローバル化で海外へと振り向けられたために、次の貧栄養化をもたらしているのではないだろうか。

個々の事象における調査やデータ解析はそれぞれの専門家に任せるとしても、何が起きていたのかを現場からの視点で整理しておく必要はあるだろう。筆者は、現場で起きた問題に対して漁業者がいかに対応するかを提案するために、限られた情報や証拠から問題の背景を推定しなければならなかった。そこで、解決に向けた対処法を試みる決断をするにあたって、漁業者の多くといっしょに腑に落ちる材料を探し、そこから対案を求めてきた。その経験をもとに、水産としての覚え書きを記しておきたい。

7.2 明石の経験から

兵庫県明石市(あかし)は魚の町として知られ、明石ダイや明石ダコをはじめ、アナゴやメバルなどの磯魚を上手に扱う産地として評価されてきた。また、戦後にはノリ養殖の技術を導入して、大産地である佐賀県に匹敵する生産量を誇るまでに発展させた。筆者は1980年代から漁協職員として明石の漁業に携わり、17年あまりの変遷を現場体験してきた。

ここでは、瀬戸内海の東に位置する明石海峡周辺を視野に置き、漁業の舞台としての海の富栄養化への対応状況を概観したい。

7.2.1　1980 年代から 90 年代における明石のノリ養殖の変遷

　明石のノリ養殖にとって 1980 年代は、まさに黄金期であった。ノリ養殖生産量は兵庫県が佐賀県を抜いて日本一の生産県となり、新海苔の入札価格においてそれまでの 30 円台という最高値を更新し、1 枚 65 円という記録を残した。1970 年代からノリ網を張り出せば黒いノリが育ち、漁期の初めこそ 12 月上旬と有明海など主要産地に出遅れるものの、5 月の連休まで生産が続けられるという生産期間の長い好漁場を誇ってきた。

　しかし、全国の乾海苔生産量が 100 億枚を超えて生産過剰に陥ったのもその頃で、産地間競争の激化と品質の向上が強く求められる時代となっていた。このため漁協として「浜の特長」を活かし、経営の持続的展開が図れるような現状分析と計画の策定が求められ、次のような企画研究に取り組むこととなった。
　①　林崎漁協の水揚げの 7 割あまりを占めるノリ養殖漁業の発展方法
　②　次いで水揚げの多い船びき網漁業におけるイカナゴ資源の活用方法
　③　「汚染された瀬戸内海」という消費者イメージによる魚離れの回避方法
　④　地域において漁業の社会的地位を向上させる方法
　こうした研究課題は、漁場環境と市場環境、また後継者問題に関わる周辺事情が変化してきたことから設定したものである。

　1980 年代後半の周辺事情の一つ目としては、ノリ網を張れば黒いノリが採れるという状況から、漁場の場所によって色落ちの発生や、バリカン症と呼ばれるノリ芽が流れる現象など、品質低下や生産量の伸び悩みを招く事象が増え始め、ノリ網管理に高度な管理技術が要求されるようになったことである。二つ目としては、瀬戸内海で最もたくさん漁獲されていたイカナゴが、海砂利採取の拡大に伴って生息場所と産卵場を失い、これまでのように養殖魚などの飼餌料として安価に供給し続けることが難しくなってきたことから、大漁貧乏からの脱却が必要になってきたことである。三つ目は、明石海峡大橋や都市の郊外への拡張に伴う下水処理場の建設にあたって、「海が汚れて先行きの見込みのない漁業が補償金目当てに騒いでいる」などといった社会の目に対して、「この海はまだ活用の余地があって、漁業者ががんばって海の幸を届けている」というメッセージを発することが、漁業者の子どもたちに跡継ぎの意義を知って

もらううえで重要となっていたことである。

このような当時の現状分析は、今から思えば戦後から高度経済成長期に急速に進んだ富栄養化がピークを迎え、漁場環境見通しの不透明さの中で手探りを重ねていたもので、その後の貧栄養化は想像すらできなかった背景もあった。

1990年代に入ると、ノリの色落ち現象は時期的にも場所的にも拡大し、価格と生産量の低下からノリ養殖漁業経営が不振となる経営体が増えた。その中でも技術的に対応できる漁業者とできない漁業者の格差が拡大して、漁協経営的にもノリ養殖経営の再編が必要となってきた。

7.2.2　イカナゴのくぎ煮の全国展開

また同じ頃、イカナゴ漁業も飼餌料仕向けの5、6月での漁獲から、イカナゴくぎ煮としての食用仕向けの3月での漁獲へと漁期の移行が必要となってきた。これは、1984年から漁協女性部を中心に取り組んだ魚食普及活動の一環で、漁村料理として伝えられてきたイカナゴ醤油炊きを、都会の消費者向けにレシピをアレンジして「イカナゴくぎ煮」として紹介し始めたものである。イカナゴ稚魚を生炊きの佃煮として手作りを推奨したもので、明石神戸一帯に急速に広まり、季節の風物詩にまでなった。特にイカナゴは4月に入ると砂地に着くため、食べるときの砂の混入を防ぐ意味から、3月を漁期とする必要があった。

しかしながら、3月はまだノリ養殖の盛期であるためノリ養殖業者のイカナゴ漁業への兼業は禁止しており、ノリ養殖から撤退した漁業者を転用するという工夫により可能になった。そこで転業した漁業者が保有していたノリ漁場の配分権を残ったノリ養殖漁業の経営体に再配分し、個別経営体としての規模拡大を図り、あわせて漁協全体としての集団管理を徹底することにより「浜の特長」を出せるようになったのである。

ちなみにこの特長は、品質のばらつきの少ない大ロット（製品単位）で、機械処理の多い業務筋に高評価を得るものとなり、コンビニエンスストアのおにぎりや巻き寿司向けに大きな需要を得た。特に節分の恵方巻の取り組みは全国に知れ渡るものとなった。

このように、イカナゴのくぎ煮や海苔巻きの恵方巻が消費者に受け入れられ、

その大産地が明石であることが知れると、漁港への小学校の見学が増えるようになり、漁家の子どもたちの親を見る目も改善して、後継者難がかなり改善するようにもなった。また、イカナゴ教室などの普及活動を通じて、海の生物生産の仕組みを説明し、イカナゴなどの小魚やノリやワカメといった海藻類が身体を浄化し（食物繊維や不飽和脂肪酸などによる効果）、健康につながることが市民の理解を得ることになった。その結果、明石市では下水処理場の塩素殺菌法を紫外線殺菌法に変更し、海への負担を少なくする改善や、魚の町としての施策への協力が得られるようになった。

7.2.3 明石漁業者の富栄養化への対応のまとめ

筆者は2000年をもって明石を離れることになったが、17年間の企画研究活動の成果として、以下の答案を用意することができた。

①ノリ養殖経営については、漁場の富栄養化に伴う養殖ノリの生産増という状況の中で、漁協の大多数が参加する協業経営体の集合という内在的なプロダクトアウト型、すなわち獲ること、出荷することに重きを置き、生産したものをいかに売るかを重視する生産体制から、少数精鋭のノリ養殖管理から製品管理までを統一的な販売方針で取り組み、大手業務筋が求める商品特性を備えたマーケットイン型、すなわち消費者など市場が求めるものから発想し、それをもとに生産供給する生産体制を整えるに至った。

②イカナゴ資源については、多獲性魚とはいえ資源水準に陰りのあるイカナゴを大量漁獲して安価な餌仕向けに利用する資源消耗型の漁業から、参入者を限定した需要量に見合う漁獲を持続させる高品質の食用仕向けに特化した地域特産魚種の資源維持型の漁業へと切り替えることに成功した。

③消費者の魚離れについては、明石海峡という目の前の漁場から獲れたての魚が手に入るという「漁獲の見える化」を意識したイカナゴくぎ煮の普及を軸に、環境問題における生物濃縮を学習してもらう中で、小魚食の重要性と健康な食文化の在り方を広める取り組みを重視した。これは魚食普及活動の中でも、消費拡大ではなく、消費の質を変えてもらう運動として理解の輪が広がるものとなった。

④地域漁業の社会的地位については、それまでの海から奪う漁業として認識

されていたものを、小学生の見学会やくぎ煮教室を通した消費者参加型の漁業交流を行った結果、学校教育や地域活動を通した地元の漁業と海の環境問題の理解が進み、自治体の下水道計画への対応に市民の協力を得られたことなど、一定の成果が上げられた。

ここまでの過程は、瀬戸内海の富栄養化によって赤潮やヘドロが問題視される状況下において、漁業側の試行錯誤ではあるが環境順応を進めた事例として示した。次いで、筆者は2000年以降にも明石の踏査は続けており、そこで得た情報にも触れておきたい。

7.2.4　2000年以降の明石の漁業事情

まず、明石名物にもなっているアナゴである。

江戸前のアナゴも知られているが、瀬戸内海もアナゴの産地である。各地のアナゴ漁場ではもんどり仕掛けの筒漁が盛んに行われているが、明石では筒漁のアナゴは評価されない。延縄釣りか底びき網で漁獲され、活かした状態で水揚げされて生け簀(はえなわ)で数日の間「活け越し(いけこし)」にされたうえで出荷される。

アナゴは内海の海底付近に生息し、砂場よりは泥場において餌を求めることが多い。そのため海域によっては泥臭さが強く、漁獲直後は臭いを取らないと食べられないものもある。江戸前アナゴが煮アナゴに調理されるのも、その臭いに原因がある。

明石は大阪や京都を市場に持ち、アナゴは白焼きやタレで付け焼きにした焼アナゴが喜ばれる。このため「活け越し」によって、きれいな海水にさらされることと絶食効果で臭いが消えるように管理するものである。「活け越し」は良い漁場のもので3日、泥の多い漁場や港湾区域に近いものでは1週間の絶食を課す。すると体重は1割ほどやせる場合もあり、量で勝負する魚屋には不評であるが、質を重視する魚屋には高く評価される。

このようなアナゴの品質管理が行われている関係で、素材の太り具合や脂ののりはいっそう重要である。富栄養化時代の瀬戸内海では、漁獲量の変動はあったものの、品質的には兵庫県の高砂や明石もの、淡路ものは高く評価されてきた。その漁獲量が需要に追いつかない場合には、瀬戸内海西部や九州から活魚運搬船で運ばれてくるものが次の評価を得るものであった。

しかし、2003年頃からこうした国産アナゴに比べて輸入される韓国産アナゴのほうが高く評価されるようになり、焼アナゴ屋など業務筋では地元産の味が落ちたと噂されるようになっていった。消費者は国産びいきのままだったので、正直に表示した国産アナゴがよく売れたが、焼アナゴを使う寿司屋や割烹料理店のプロの間では韓国もののほうにシフトしていくようになった。2005年頃には、同じことがハモについても言えるようになり、韓国ものへの引き合いが大きくなっていった。こうした地元産離れは、アナゴもハモも、いずれもやせ気味で脂ののりが劣るというもので、国内漁場での餌不足が関係しているのではないかと推察された。

　内水面漁業の関係者に話を聞くと、2010年頃には天然遡上するアユが大きくならないことや、下りウナギに太っているものが少なくなってきたことが指摘されるようになった。アユの場合は天候異変もあるが川ゴケの育ちが悪いことや、ウナギの場合には沢ガニなどの餌が少なくなったことが示唆されていた。水質に関する総量規制の進んだ海域ばかりか、内水面においても栄養不足が推察されることは、国土全体にかかる何らかの変化を考える必要があるようだ。

　このような話を市民にしても、なかなか実感が湧かないと言われるのだが、堤防釣りを趣味にしている人たちに聞くと、フナムシが極端に少なくなったと口を揃えるようになった。フナムシは岸壁の上をはい回り、波しぶきによってもたらされた海水滴に含まれる栄養分をもとに育つ藻類や生物の死骸などを食べて暮らしている。それが減ったということは、波しぶきの栄養分も減ったのではないだろうか。

7.3 ノリ養殖漁業の苦労

7.3.1 ノリの色落ちとその背景

　2000年以降、筆者は当事者ではなく観察者として明石を中心としたノリ養殖漁業などの推移を見てきた。そこでは、それまでの富栄養化した海とは様相の異なる環境変化の兆しが頻発するようになってきた。

　先にも触れたように1990年代には、沖合の鹿ノ瀬漁場において春先からノ

リの色落ちが拡大することがしばしば発生するようになっていた。それが2000年代には地先漁場においても栄養塩類の低下が目につくようになり、2003年度、07年度、10年度、12年度には1月末からの極度の色落ちが全域で発生して困窮を極めた。なお、2007年度は色落ち被害に加えて、漁期後半に貨物船の沈没による油濁事故が重なり、大きな被害となったものである。

　過去10年の平年作を基準にノリ生産量と生産金額を見ると、林崎漁協における平年作を下回る傾向が散見されるようになってきた（**図7-1**）。これは兵庫県全体の生産状況にも反映し、右下がりを印象づけている（**図4-9**を参照）。この生産の落ち込みには、貧栄養化以外の要因も考えられるが、生産量の割に生産金額が低く出る傾向は、色落ちによる品質低下が価格にも反映していることを示している。

　この色落ち問題を考えるとき、次のような背景が理解の助けになるだろう。

　ノリ養殖漁場の富栄養化が進むとき、植物であるノリにとって栄養条件は不足気味から充足、そして過剰へと移っていくと考えられる。ただし、このとき栄養摂取においてはリービッヒの最少率の法則から、最低必要量の制限要因と

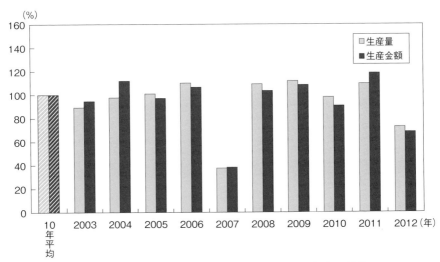

図7-1　林崎漁協における2003〜2012年のノリ生産量および金額の推移
2003（平成15）〜2012（平成24）年の10年平均（2007年を除く）を100とした。
資料提供：兵庫県漁業協同組合連合会。

なっていた成分が増えればノリの成長が促進され、特定の成分が不足のままであれば他の栄養素がいくら増えてもノリの成長には反映されない。具体的には植物の三大栄養素として窒素、リン、カリウムが挙げられるが、海の中ではカリウムは十分にあるとされているので除外して考えることができる。そのため、窒素とリンが問題となるので、富栄養化過程から貧栄養化に至る状況を概観すると次のようになる。

かつて白砂青松を謳われていた瀬戸内海は、閉鎖性水域とはいえ、常に富栄養な環境ではなかった。冬の季節風は東西の水路となる瀬戸内海を吹き抜け、その吹送流によって海水は東の端の大阪湾に押しつけられ、紀伊水道へと抜け出て行きやすく、瀬戸内海の海水の大部分は2、3年もすれば外海水に置き換わると見られていた。また、大阪湾の奥や広島湾、別府湾など閉塞性の強いところでは、数十年たっても海水の入れ替えは期待できないとも見られていた。そうした地域的な差異はあるものの、白砂の浜は清澄な海水に洗われ続けることによってその白さを保っており、青々と茂る松は肥料の入らない貧栄養の砂質や岩礁の上に生えていたものだ。だから、梅雨時の大雨で陸域から栄養分がもたらされる時期と、春先の雪解け水が出てくる時期が瀬戸内海の植物生産にとって重要であり、それに連動するように魚介類の産卵期も訪れるようになっていたと考えられる。

戦後の食糧増産と高度経済成長は大量の化学肥料を農地に投入し、都市化と工業化の進む工業地帯の形成は諸廃水の海への流入を拡大させ、それまでの栄養塩類の陸—海間の循環を断ち切る方向へと進展した。つまり戦前は、農地の産物を住民が食べ、その排泄物が再び農地の肥やしとして投入され、またそれで不足する肥料成分を海からの海藻や多獲性魚類をも利用して補っており、栄養物質の地域内循環が陸だけではなく海ともつながって形成されていたわけである。

それまで域内で調達されていた肥料は域外から供給される化学肥料に置き換わり、人々の排泄物は堆肥への利用がなくなり、屎尿処理から下水処理へと域外に排出されるようになった。海の多獲性水産物は肥料用から飼料用や餌料用へ、あるいは工業原料として仕向けられるようになり、海藻類は用途を失い、航行や海水浴場の邪魔者扱いにされ、磯焼けなどの海藻類の減少に関心も向け

られなくなった。

　このような高度経済成長と食糧増産の政策のもと、瀬戸内海は富栄養化の一途をたどってきたもので、1970年代に入って「瀬戸内海環境保全特別措置法」によって規制される頃まではリンはおおむね窒素の10分の1程度で、いずれも並行的に増加していた。洗剤の無リン化をきっかけに、下水処理における凝集沈殿法の普及に伴ってリンの削減が進められたのが1970年代後半からである。しかし、この頃には窒素を削減する脱窒法はまだ普及しておらず、窒素過剰な栄養環境が1990年代まで続いた。

　この窒素とリンのバランスにおける窒素過剰の影響は、植物プランクトンの珪藻類の種組成に表れた。それまで植物プランクトンの種組成はスケレトネマやキートケロスなどの小型種が優占種であったが、窒素過剰な栄養環境が続くと、大型のコシノディスカスが優占種となることが多くなった（**図7-2の上左および上右**）。こうした過程は兵庫県水産技術センターなどで研究され、問題点が指摘されるようになった。

　農業関係者に話を聞くと、一般に窒素肥料は植物の丈の成長に効果があり、リン肥料は実の充実に効くと言われている。これが植物プランクトンの珪藻類にも当てはまるとすると、窒素過剰な栄養環境は大型種が増える要因となるかもしれない。筆者が観察したところ、コシノディスカス（*Coscinodiscus wailesii*）は粘液状の細胞外生産物を排出し、自らの沈降速度を遅くさせるとともに、水中に懸濁する物質を絡めて沈殿させ、結果的に透明度を高める作用を及ぼすことが見て取れた。長井（2000）は、コシノディスカスの沈降速度が大きいことを指摘し、小型種との増殖条件の違いを報告している。これらをあわせて考えると、小型種に比べて速く沈んでしまう大型種でありながら、透明度を良くすることで生育空間を広げ、競合相手種をも速く沈降させるという生き残り戦略をもって優占種となっていったという仮説も考えられる。

　2000年代に入ると、廃水処理において脱窒工程を設ける施設が増え、窒素の削減も進められた。その結果、窒素とリンのアンバランスも幾分緩和され、コシノディスカスばかりが優占種となる状況から、時期的にユーカンピア（*Eucampia zodiacus*）が優占種となる場合が増えてきた（**図7-2の下左**）。このユーカンピアは、珪藻サイズとしてはコシノディスカスほど大型種ではない

7.3 ノリ養殖漁業の苦労

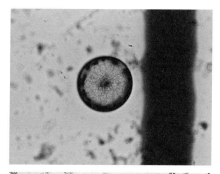
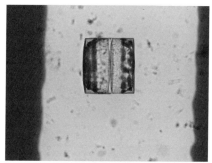
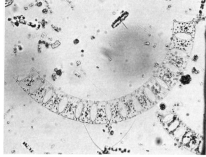

図 7-2
上左・上右：コシノディスカス
(*Coscinodiscus wailesii*)、
下左：ユーカンピア
(*Eucampia zodiacus*)
写真提供：上野俊士郎・山崎康裕（水産大学校）

ものの、群体を形成し、らせん状のバネのような形状で、1 mm を超える粒として視認できるもので、小型種の珪藻類とは生態を異にしている。特に低栄養環境での生き残りに強く、海水中の栄養塩類をほとんど食い尽くすまで消費してしまう。このため、養殖ノリとの栄養塩類の競合という点では、コシノディスカス以上に深刻なものである。

また、播磨灘や大阪湾に増殖する動物プランクトンのコペポーダ類は小型種の珪藻類を好んで餌としていたが、大型種の珪藻になると口のサイズに合わず、あまり利用できなくなっていたようだ。この意味でも大型珪藻が優占種であり続け、海域の栄養環境の支配的要因になっていたことがうかがわれる。

ちなみに、この海域で最大の漁獲量を誇るイカナゴにおいて、仔魚期の釜揚げはイカナゴの新子として親しまれているが、身体全体は白く茹で上がっているが、腹部が赤く色づいたものと、黒っぽいものの二つのタイプがある。赤いほうは「あかはら」と呼ばれ、ちりめんじゃこの太白ちりめんの代用としては嫌がられるが、食べるとうま味があって好む人も多い。これはイカナゴ仔魚が

図7-3　左：イカナゴの水揚げ風景、右：イカナゴのくぎ煮

餌として体内に油球を持つコペポーダ（カイアシ類）を多食しているため、それが腹腔にたまって赤色を呈しているものである。一方、腹が黒っぽいイカナゴは餌として内海に多い海のミジンコ（枝角類）を多食しており、こちらは油球を持たないため赤くは見えないもので、油分が少ないことから味の点で劣るものとされている。

　毎年3月は、明石や神戸においてイカナゴのくぎ煮が盛んに作られるが（**図7-3**）、その折に釜揚げも同時に作ってみると、2000年以前は大部分が「あかはら」だったが、2010年前後には「あかはら」はわずかになってきていた。ここにも植物プランクトンから動物プランクトンへの食物連鎖に滞りが生じているのではないかと見られる。

　まとめると、富栄養化の対策としての窒素やリンの総量規制によって海の栄養環境は大きく乱され、それに起因する植物プランクトン相の変化が過度の栄養消費をもたらし、動物プランクトンへの食物連鎖というエネルギーの流れを阻害した可能性があった。特に冬季のノリ養殖期間に発生する大型珪藻類が優占する状況は、ノリの色落ち被害の直接的原因になっていた。

　ただ、年度によっては冬季に多くの降雨があって、海が濁るなど大型珪藻の寡占状態が形成されない年などは、厳しい色落ち被害を免れることもあった。また、競合産地である有明海などの作柄によっても乾海苔相場は変動し、色落ちがあっても相場が良ければ生産意欲が保たれることもあり、漁業者の苦労はつきなかった。

7.3.2 ノリ養殖の技術的側面から見た色落ち

ここまではノリ養殖にかかる貧栄養化の直接的な影響を記したが、貧栄養化が起こることによる二次的な影響として、ノリ養殖の技術的側面からも問題があった。

ノリは世代交代を行うが、普通の栽培植物は染色体が $2n$ 世代のとき作物として利用されるものだが、ノリの場合は n 世代が葉状体として生産対象となる（図 7-4）。ノリの $2n$ 世代のほうは糸状体といって貝殻の中に潜行し、カビのような生き方をしている。このため一般に行われる品種改良が異なる株の掛け合わせによるところが、ノリの場合は意味をなさない。そのため、ノリの

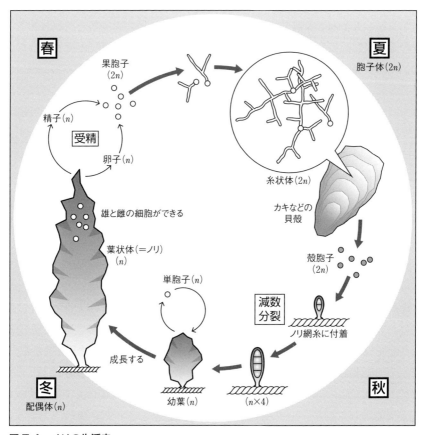

図 7-4　ノリの生活史

品種管理は選抜育種に頼らざるを得ず、優良形質のある種を選抜しても次世代では先祖返りしてしまうことも多かった。

　それでも養殖業者が管理するノリ漁場において、優良な品種を探し出して次年度の種として継続培養する努力は続けられてきた。このとき優良形質として選ばれるものは、製品の品質（色素が豊富で黒くなる、板海苔に漉いたときに穴があきにくい、不良品が出にくい）などの観点もあるが、伸びが良くて生産量が多く上がるものが好まれた。特に、ノリはお茶のように成長に応じて繰り返し摘採するが、成熟すると成長が止まるので、不稔性といって成熟するのが遅い品種も好まれた。

　これが栄養環境に恵まれているときであれば、病気や成熟など成長の阻害要因が少なくてどんどん成長する品種が有利である。そのため競って成長する品種の導入が進められ、アサクサノリ系からスサビノリ系に品種選択が偏っていき、ついにはアサクサノリが絶滅危惧種になるほどとなった。

　しかし、そののち栄養環境が低水準になってくると、伸びの良い品種ほど色落ち被害を受けやすくなっており、伸びは遅いがじっくりと栄養を蓄えるタイプが求められるようになったのだが、各地のノリ種苗を管理しているところにはそういったじっくりタイプの品種はほとんど残っていなかった。まさに富栄養化で生産増強に走って品種の多様性を失ってきたツケが、貧栄養期にきて露呈してきたわけだ。このためノリ養殖業者としては、低栄養環境になっても色の黒さが引き立ち、色落ちしにくい品種特性を現場で選別し、もう一度育て直さなければならなくなっている。

7.3.3　地球温暖化の影響

　それと加えておかなければならないのは、地球温暖化の影響である。ノリ養殖において一番影響を受けていることは、秋の冷え込み（水温低下状況）が遅れてきていることである。残暑が終わり、秋風が吹き始めると海面が冷やされ、海水の鉛直混合が盛んになる。それをきっかけとしてノリは胞子を放出して葉状体の成長を始める。人工的にノリの胞子を培養し、ノリ網に人工採苗する技術が開発されて以来、10月初旬がそのタイミングであった。海水温でいうと22℃を切るあたりで、24℃を超えた状態だと胞子が着生できずに流れてしま

い、採苗に失敗してしまう。

　1990年代までは10月初旬を目処に作業暦を設けていたが、2000年代に入ると残暑が長引き、9月末まで24℃以上が続き、種付け作業に支障を来すようになった。このため10月上旬から中旬へと作業暦をずらして対応し、2010年代には10月半ば以降というように半月以上遅れるのが定番になってしまった。同じ時期の水温としては1.5℃以上温暖化したと言える。

　また、ノリの生産開始時期は海水温が20℃を下回る頃を目処としていたが、ここでも10日ほどの遅れとなった。採苗時期より緩和して見えるのは、新海苔の出荷が年末商品として間に合うかどうかが価格に影響するため、無理をしても早めた結果である。

　ただ、地球の温暖化は気候変動として現れており、厳冬期の冬場には暖冬になることもあるが、案外寒冷化することもあり、温度上昇一辺倒ではない。また、少雨期と言われているが、雪は少ないもののしっかりした雨量が観測されることもあり、栄養不足が問題になる瀬戸内海にあっては、河川流量の増加が一時的な栄養緩和を招き、生産者がほっとすることも時々ある。

　これは生産体制にも言えることで、海苔の商品特性に見られるある事情から、生産者が質よりも量を優先した生産指向を持ってきたことにも問題が生じている。海苔の商品特性として、高級品は消費者の嗜好性が強いため「こだわり」の特長を出すように品質の向上が争点になるが、このレベルは生産量も少ない。しかし、最も生産量の多い中級品以下のランクでは、品質を向上させる努力の割には価格差が現れにくい傾向があり、例え2、3割ほど評価が下がったとしても2倍作ればおつりが来るという考え方である。

7.3.4　限界を迎えた資本集約型の生産体制

　こうした大漁願望ともとれる生産意識は、農業とは異なるノリ養殖ならではの特性からきている。農業の場合は基盤となる農地に肥料を入れるなど土作りから作業が始まるものだが、海のノリ養殖の場合は生産の基盤になる漁場の肥沃度は富栄養化によって十分にあり、漁場面積を確保してノリ網を展開し、育成管理や収穫後の乾海苔加工の部分を機械化して大規模化の効果を発揮させれば生産量は飛躍的に伸ばすことができる。

1970年代から近代化資金の融資対象ともなった全自動海苔乾燥機や生ノリ保管用の活性タンクなどの周辺機器が発達し、1990年代後半には海上のノリ網管理や摘採にも潜り船と呼ばれる作業船が開発され省力化が図られるとともに、一人当たりの生産規模が拡大されていくようになった。それまでは漁村における家族労働が中心の労働集約型産業だったものが、機械化などの近代化が図られる中で資本集約型産業に移行していったのである。

　このように、富栄養化が限られた海域に収束し、多くのノリ漁場では貧栄養化が進もうとしているとき、資本集約型の大量生産指向の強い生産体制は限界を迎えることとなった。つまり、生産基盤である漁場の栄養レベルが低下し、投下資本を回収するだけの生産金額を確保できなくなって来たわけである。

　以上のように、ノリ養殖に関しては富栄養化によって生産増が担保されることによって多収性品種の普及や省力化機器の導入など大規模化の効果を生かした経営革新が行われたが、貧栄養化によって品種の弱点や小回りの利いた養殖管理が困難になるなど後退局面に入ってしまった。

　しかし、漁業者たちは海域の栄養環境を少しでもノリ養殖に適した状況に戻せないかと検討し、下水処理場の栄養塩管理運転やダムから水産用水を放流してもらう提案のほか、自分たちでもため池にたまった泥のかいぼりによる河川放出や海底耕うんなどの創意工夫を重ねている。そして瀬戸内法の改正や基本計画の見直しにおいて、「きれいな海」から「豊かな海」を求める運動へと積極的に取り組んできている。

7.4　海底のヘドロと底生生物

7.4.1　ヘドロの堆積と貧酸素水塊の形成

　瀬戸内海の富栄養化による環境変化で特徴的に注目されたのは、赤潮と有機汚泥（ヘドロ）の堆積である。赤潮については人々の目に触れることが多かったので注目度が最も高かったが、海底に堆積するヘドロに関しては港湾関係者や漁業者以外にはあまり知られておらず、干潮時に露出して悪臭を発するような場面ばかり取り上げられてきた。

　海底の底質を見る尺度として粒度組成があり、岩、礫、砂、泥のように粒子

の大きさでふるい分けして場の性状を表現する方法がある。この場合、無機質としての粒子を測るので、泥の粘りや砂地の硬さなどには関心が払われない数値になる。海が清浄で汚濁されていないところでは、この指標で海底の基本的性格は判断できるもので、岩場では磯魚、礫場ではタコやカニ、砂場にはキスやコチ、泥場にはアナゴやカレイなどそれぞれの場によって主役の異なる生態系が育まれている。

しかし、人工的な汚濁負荷が加わると、無機質の底質に有機物が絡むようになり、粘ったり固まったりする糊のような性状に変化し、それに伴う生物群集の関わりも大きく変わってくる。初めのうちは清浄なところに有機物という餌が降ってくるわけだから、餓えていた在来種は喜んで太っていき、再生産も活発になる。ところが在来種ばかりでは食い切れなくなると、他からの移入種も加わり競い合いが様々に繰り広げられるようになり、栄養の多い環境での生存競争に強い種類が優先するようになって、どちらかと言えば貧栄養体質の在来種は駆逐されていくようになる。

神戸の須磨海岸で堤防釣りを永年続けている人によると、昔は砂地が広がりキス釣りの好ポイントであったところが、ガッチョとかテンコチなどと呼ばれるネズッポ類（関東ではメゴチと呼ばれるネズミゴチなど）が増えてきて、やがてハゼが釣れるようになった。その頃には海底は泥混じりの砂になって、時には臭いが気になるようになったという。このように富栄養化の進行は、底に生息する魚種の変化としても現れ、生態系の仕組みが遷移していく様子が類推された。

また、青潮に関しては東京湾では早くから知られていたが、大阪湾では2000年代まではほとんど発生しておらず、2002年の夏季に発生して以来、常態化するようになった。これは海水が成層化する夏季に貧酸素水が底層に滞留し、それが風の影響で表層に巻き上がったときに空気に触れて発生するもので、大阪湾奥部の海水の停滞性が強まったことが原因ではないかと考えられる。

貧酸素水塊は水中の有機物が分解される際に酸素を消費し、溶存酸素の少ない水塊が生じることで、極端には無酸素状態に達して還元状態になることもある。水中の酸素は海面から空気が溶け込むときに入ってくる場合と、水中で植物プランクトンや海藻などによって光合成によって生成される場合がある。前

者は海面の波立ちや撹拌で物理的に溶け込んでいくが、後者は植物の活動が必要で、低酸素状態や無酸素状態では光合成が困難になってしまう。

このとき、秋から冬にかけては一般に海水温が気温より高いため、海面の水は冷えて重くなり沈降し、いっしょに海面で溶けた酸素も海中深くもたらされる。一方、春から夏にかけては気温の上昇が早く、海面表層には温かく軽い海水が成層を形成する。こうなると海面に酸素が溶け込んでも、嵐でも来ない限り成層を突破することができずに深層には新たな酸素供給がなくなってくる。そこに有機物分解による酸素消費が重なると溶存酸素は少なくなり続け、ついには貧酸素水塊を形成することになる。

もちろん、海底に有機物が少ない場合や、潮流や海流の影響を受けて水平的に海水交流の盛んな場所では、このような溶存酸素の減少は小さく、酸素の豊富な酸化状態が四季を通じて維持される。わが国の沿岸域でも、内湾の奥部や特に窪地状の海水が停滞しやすい場所に、こうした貧酸素水塊が生じやすい傾向にある。

瀬戸内海の汚染問題を考えるとき、ヘドロの堆積場所は、同時に有害物質による汚染とも重ねて生じていたことも重要である。これは臨海工業地帯が相次いで開発されるとき、工場廃水などの捨て場として海が位置づけられた時期があり、工場廃水が厳しく規制されて汚染物質の排出がなくなるまで、その海域を汚染し、多くは沈殿して海底にたまっていった。PCB汚染が問題になった兵庫県高砂港のように、港湾堤防に囲まれた範囲でのPCBが長く残留した例など、多くの経験がある。

2000年頃までの瀬戸内海の汚染に対する認識としては、こうした有害汚染物質がヘドロとともに残留していることを考えると、汚染の解決のために浚渫しようとすると、かえって懸濁させて周辺海域に拡散させる恐れがあり、関係者の理解を得ることが困難と考えられた。また、水俣港のように有機水銀に汚染された区域を埋め立てて封じ込める方法はあるとはいえ、港湾機能を失ってしまう規模にもなりかねない問題でもあった。

そのように、有害汚染物質に関しては無理に移動させず、その場に封印するしかないかと考えられていた。言い換えると、ヘドロが堆積した場所については改善が見込めないので管理区域とし、周辺漁場での漁獲物モニターを続けな

がら、汚染が再び拡大することのないように祈るという、消極的な対応策しか考えられなかった時期である。

7.4.2　2000年以降、ヘドロが減少

　ところが 2000 年を過ぎてから港湾区域の外側にまで広がっていたヘドロの堆積厚さが薄くなり、堆積域が徐々に縮小してくる傾向が見られる事例が目につき始めた。

　加古川市沖や明石市二見沖のノリ漁場では、ノリ養殖時期に入れた施設設置用のイカリを漁期終了時に回収するが、海底のヘドロによって還元状態であったため、イカリの先端部分は錆びないできたが、2000 年以降錆びるようになったという漁業者の証言があり、海底が酸化状態になってきたことが考えられた。

　また、2007 年頃から明石市魚住町沖などで底びき網にタイラギ貝の貝殻が入るようになり、潜水調査をしたところ、それまでヘドロ堆積域であった場所の底質が改善し、タイラギの稚貝が大量に発生していることが確認された。その後数年にわたってタイラギ潜水漁の復活が見られたのである。

　同じ頃、兵庫県の揖保川河口に当たる網干港周辺でも数十 cm の厚さで堆積していたヘドロが消失し、砂泥質の海底になったことが地元漁師から聞かされるなど、様々な場所でヘドロが減ったという状況が見えるようになってきた。また、明石市沿岸域では海底に堆積する砂が減り、その下にあった粘土質の岩盤（イクチと呼ばれる）が露出する場所が散見されるようになった。これは底質における有機物の減少が砂以下の微細粒子の結合力低下を招くことから、潮流（2 ノット程度）によって流失した可能性が考えられる。

　さらに、海底の観察からは、ヘドロ域が減退していく場面で、有機汚濁の少ない砂泥域に戻る前に、ホトトギスガイが密集して繁殖するホトトギスベッドが出現することも散見された。ホトトギスガイは汚濁の指標種として知られているが、有機汚濁が進行していく過程で、底生生物が生息困難になる貧酸素水塊が常態化する前に現れることが、逆の場面から明らかになった現象である。

　このように、貧栄養化は水質のみならず底質においても進行しており、底生生物相の変化としても現れてきている。

7.5 湖沼の栄養循環と生態農業の考え方

7.5.1 生態農業とは何か

　湖沼における富栄養化はアオコの発生による悪臭の発生から社会問題化するので、その対策として周辺からの汚水流入をいかに抑制するかが課題とされる場合が多い。それは、湖沼を水資源ととらえ、器の中の水が汚れたからきれいにしないと水資源の質が悪化する、という発想で対応される傾向にある。しかし、湖沼の生態系を維持しつつ、栄養分の循環を考える視点が必要ではないだろうか。

　中国では古くから人民公社の時代に至るまで「生態農業」という循環型の農村経営が実施されてきた。これは農業に林業や漁業も加味した生態系そのものを農村経営に組み入れるものである。わが国で提唱されている「生態系農業」とは、ため池という水圏を組み込んでいる点で異なっている。

　イメージするのは揚子江の南側に当たる浙江省や江蘇省あたりを考えていただきたい。地平線まで続く平坦な湿地帯で農業を行おうとすると、まず水没しない農地と宅地の確保が必要になる。そこで水路やため池を掘り、掘り出した土砂で土手を作り、水位より高い土地を土木的に建設する。その一角が住居地であり、残りが耕作用の水田や畑である。土手には地盤を維持するために桑の木や竹を植生し、これらは養蚕や生活資材に活用される。水路は徐々に埋まるので次々と浚渫し、さらえた泥を農地にすき込み肥料とし、土手も塗り重ねて補強もする。土手に生える野草で山羊や羊を飼育し、肉や乳、毛皮として利用するとともに、その糞も肥料として堆肥化する。

　田や畑で収穫された農作物は食糧にできる部分は備蓄や販売に供されるが、根や枯れ葉など食用にならない部分は家畜の餌やため池に入れる。生活で出る生ゴミも、ため池に入れる。池には草食のソウギョやタニシを食べるアオウオなどを入れ、また、アヒルやガチョウも飼う。投入された有機物を植物質から動物質まで各飼育動物の食性を組み合わせて、すべて利用しようとする複合養殖である。当然のことながら、それらの動物たちは食用にされるし、その糞は池の底にたまって、底ざらえによって肥料として利用される。住民の屎尿も堆肥化されて農業生産力を支えるわけだから、栄養分の循環としては無駄なく設

計されているわけである。

こうした生態系を人の生活系と組み合わせる手法の成立要件としては、先に触れた江南地方の地理的条件も重要である。雨が降っても水が簡単には流れ去らないことである。この地は西が内陸で東が海という地形ながら、高低差はほとんどない。このため、川や水路の水は、北で雨が降れば南に流れ、東で雨が降れば西に流れるように、場合によっては同じ水が行き来することもある。つまり、水をはじめとする物質の滞留性が強いことが特長である。滞留性が強いと、有機物はその場で腐るしかなく、無機化した栄養塩類はその場で植物に利用されないと物質循環は巡らない。その生態系を人間活動に必要な生物群で合理的に回していこうとする知恵が、生態農業だと言えるだろう。

7.5.2　湖沼やため池を組み入れた日本の生態農業

しかし、この生態農業のような生態系のフル活用をわが国に持ち込もうとすると、大きな条件の違いに直面する。雨が降れば速やかに流れ去り、農地での肥料の蓄えも次々と流れ去っていく滞留性の少なさが日本列島の宿命と言えるものである。何かあると「水に流す」という文化性は、こうした地理的要因から身についてきたものだろう。

それでも中国から農業技術を伝えられてきたわが国では、流れ去り痩せていく土地を利用し続けるために比較的滞留性の強い水田農業を広く受け入れ、不足分を海から海藻や海草、魚肥（干しイワシやニシンなど）を農地に持ち込んで維持してきた。人糞の価値は高く、京野菜が有名になったのも都の人口から生じる大量の肥やしが周辺の農地に投入されてきたからにほかならない。

こうした事情から、化学肥料が普及するまでは、わが国の湖沼やため池は恒常的に底ざらえされ、栄養分を農地に取り上げられるため貧栄養な状況に置かれてきた。海もまた、海岸に白砂青松が目立つなど、貧栄養で清澄な海水で洗われてきた。第二次世界大戦以前は、夜光虫による赤潮などはイワシが湧く予兆だと歓迎されていたくらいである。

戦後、食糧難に対応するため食糧増産が全国的に追求されるようになった。農林水産省農業生産支援課の調べによると、化学肥料の投入は全国土的に行われ、1950年代から1980年代まで毎年200万トンを超える化学肥料（窒素、リ

ン酸、カリウム）が投入され続けた。それが 1990 年頃から食料自給率が急速に低下するように、化学肥料の投入量も減少していき、2010 年には 120 万トンのレベルにまで低下してきている。

これには施肥量を減らす農業技術の革新もあれば環境保全型の取り組みも進んできたが、農作物の作付面積の大幅な減少も背景にある。国内生産が減った分は輸入によるわけであるが、野菜などの生産拠点が中国などアジア諸国に移転した影響は大きい。農林水産省による「肥料及び肥料原料をめぐる事情」（2009）には、中国では単位面積当たりの化学肥料の投入量が飛躍的に増え、わが国の 1960 年代の水準を超える勢いだと指摘されている。

わが国の国土に投入される資源や資本が、食料自給のための増産を目指していた時代と国際分業の中で海外に依存する時代とに 1990 年頃を境に大きく様変わりしたことは、農地に蓄えられた余剰養分や地下水に浸透して海へと流れゆく栄養分（主に窒素）の大幅な減少につながっている可能性があるだろう。

このような農業関連の事情の変化を意識して湖沼やため池を見ると、1970 年代から 2000 年代にかけてため池の維持管理が行われなくなる傾向が広がり、数のうえでも減少していった。そこには、都市近郊の用地需要と水質の悪化による不評が見られた。また、ダムによる水資源開発や利水政策から、井戸水やため池などの自律型の水源が整理されていったことも見逃せない課題である。

7.5.3　今後の湖沼やため池の管理に必要な視点

さて、湖沼やため池は水がめとして認識されてきたわけだが、水循環とともに動いている物質循環の観点からは、汚濁水の流入への対処が置き去りにされてきたことに問題があった。湖沼やため池には水がめ以外にも多面的な機能があり、それらが農村社会の中に管理の側面として位置づけられてきたものであった。土手の更新やさらえた土砂の扱い、水の神の祭り方など、社会的には経済価値を生まないものでも、共同体を維持するために必須の要素があったことを思えば、共有の水辺を汚したり、持続的な利用を損なったりすることは厳しく律されてきたものである。

社会的存在としての評価を怠ったため、まさに共有地の悲劇として湖沼やため池の汚濁は富栄養から過栄養へと進行し、アオコなどの発生による悪影響も

あってため池は埋めつぶされることとなり、保存への取り組みに舵を切った湖沼においても、その再生は容易ではなかった。

しかし、海とは違い、容量の比較的小さな湖沼においては、入り口を封鎖することや強制的な環境改変によって汚濁状況を脱することができた事例もあった。ただ、そこには旧来の淡水生態系の姿は容易には戻ってこない場合が多かった。そのかわり、人為的な管理を強化してそれなりの安定した状況を維持できるようになったケースもあった。例えば、東播磨ため池協議会などの取り組みに見られる、まさに水がめの人工的管理である。

今後は湖沼やため池においては、ビオトープの拡大版を目指す取り組みと、先に紹介した生態農業のような生産面も織り込んだ管理の在り方が求められるところで、単なる水がめとしての位置づけでは持続させることができなくなっていくものと思われる。

7.6　貧栄養環境における漁業のあり方

富栄養化が始まるまでの瀬戸内海は、一部の湾奥や河口域を除いて栄養レベルの低い状態にあった。白砂青松が代名詞になるような海岸線は、清澄な海水に洗われた白砂が砂丘を形成し、防風林としての松林は落ち葉を燃料とする住民に丁寧に管理されて貧栄養状態で健全に生育していた。近年の松枯れはマツノザイセンチュウによる病気と解明されているが、エネルギー革命以後に松の落ち葉や枯れ枝が利用されなくなり、根元が富栄養化するなど病弱になる原因が生じたのではないかとも指摘されている（森林総合研究所HPより）。

砂浜や海中の砂堆を調べると多くの貝殻の破片が見つかり、組成の半分以上が貝殻起源の砂さえある。貝殻の破片を顕微鏡で観察すると軽石のように細かい穴が多数開いており、鉱物砂に比べて比重が軽く表面積が非常に大きいのが特徴である。生きているときの貝殻はなめらかで緻密だが、死んで殻だけとなったときには案外もろくなるもののようである。

ノリ養殖においてカキ殻を使ってノリの糸状体を培養する工程があるが（**図7-4**参照）、カキ殻にノリの果胞子を乗せて培養すると殻の中に穿孔して、次々とトンネルを掘り進んでいく。まるでカビが生えていくようである。やがて胞

子嚢を形成してノリはカキ殻から離れていくが、残されたカキ殻は穴だらけになっている。自然界でもこうした他生物による貝殻利用があるので、結果として貝殻は濾過材のような素材に変化していくのだろう。

この貝殻砂は比重が軽いので、潮が来れば舞い上がり、海水中の汚れを吸着し、海底に降り沈めてくれる訳で、海水浄化の大きな役割を担っているものと考えられるだろう。

瀬戸内海は閉鎖性水域であり、多くの河川からの汚濁負荷もかかるため、昔から汚れていたと思われるかもしれないが、このような背景があって案外と貧栄養な海域であった。大阪湾が「茅渟（ちぬ）の海」と呼ばれ、豊かな海の幸の供給源として認識されていたことは、広大な葦の生える干潟が発達していたことと、時々発生する赤潮（多くは夜光虫の赤潮）で海面が真っ赤に染まることから「血の海」と呼ばれたことも関係しているという説もある。いずれも栄養分が長期的に蓄積していった結果である場合と、短期的な出水などで負荷されたものが夜光虫の大増殖として一時的に現れた場合だと言えるだろう。言い換えると、大阪湾に負荷された栄養分は速やかに生態系に取り込まれ、海水環境としては比較的低い栄養レベルを維持してきたものと推察できるだろう。

こうした瀬戸内海に富栄養化が進行していく中で生じたことは、
①基礎生産が大きくなる
②汚濁物質の分解にかかる酸素要求が増大する
　→　自然の浄化力を超えたところで、貧酸素水塊が発生するようになる
③既存の生態系構成種の生息に多くのストレスが加わる
④生態系バランスが崩壊し、特定種の大増殖が引き起こされる（赤潮・クラゲ）
⑤海底に堆積したヘドロから栄養分が溶出して内部生産が常態化する
⑥貧酸素域で硫化水素など有害物が発生し、健全な生態系が維持できなくなる
⑦青潮が発生し、死の海となる
という筋書きで、おおむね説明できる。

瀬戸内海の生物生産の重要な環を担っていた貝類が激減したことは③の影響であり、貧栄養環境でも生き延びてきた魚類（カレイ類など）の多くも、この

影響と⑥⑦の影響を受けて再生産が困難になっていったものである。

その一方で、発展したノリ養殖やカキ養殖、イカナゴやイワシのシラス漁業は①の影響で生産が増大しながら、②以下の影響を被る前に世代交代できるライフサイクルの短さが環境適応したものと言えるだろう。

7.7　おわりに

さて、その富栄養化が終焉を迎え、貧栄養化が進む局面に来て、果たして⑦から①へと逆行するものだろうか。そこにはいくつかの失われた環境要素があって、容易には元に戻らないと考えられる。

a. 自然海岸の不足　＝　人工護岸が占有（直立護岸の弊害）
b. 浅場、藻場、干潟の不足　＝　埋立事業
c. 海砂の不足　＝　海砂採取と砂防ダムなど
d. 貝殻の不足（海水浄化力）　＝　貝類の激減
e. 産卵養育場の不足……a、b、cと関連
f. 貧栄養環境に適応する種の不足　＝　寿命の長い魚種の不在
g. 生物多様性の不足　＝　生態系の構成種の単純化が進んでいた
h. 生息環境多様性の不足　＝　コンクリートの多用や海砂の不足
　→　海底耕耘
i. 温暖化と気候変動
j. 縦割り行政による総合的視点の欠落

とはいえ、貧栄養化する海に対して、どのような解決策を提示するかが問われている。

上記のように、放置しておけば自然に元に戻るものではなさそうである。あるいは長い年月のうちには自然が状況を飲み込んでいくかもしれないが、それまでに海に関わる漁業や魚食文化などの生業が絶えてしまい、漁村という地域生活単位もろとも失われてしまう恐れがあるだろう。

提案することを列挙すると、次のようになる。

①漁業においては、富栄養化時代の大量生産のプロダクトアウト型の発想から、貧栄養化時代に適応したマーケットイン型の少量多品種生産という質

を重視した発想への転換が必要
②環境づくりにおいては、海の環境要素に多様性をもたらし、森川里をも連関させた人為的にも関与する順応型の環境管理が必要（これは里海活動として提唱されている）
③地域社会づくりにおいては、海域ごとの経済性（生産性重視）のみならず、社会性（価値づくり）や文化性（信頼づくり）についての合意形成を図る利害関係者の協議と協働が必要
④世界的な食料問題をもとに考えると、わが国の国土に資源と情熱を再び投入し、生物生産力を高める国民運動が大切で、物質循環に配慮した持続可能なモデルが必要

　以上、多くを述べてきたが、貧栄養化問題は栄養を足せばよいという問題ではない。先に挙げたa～jの項目を少しずつでも立て直し、④に触れたようにこの国土を循環と持続性を活かした生物生産の場に戻していく作業が必要になっていると考える。
　そのためには、わが国の風土と文化を学び、恵まれた国土の物質循環特性を活かせる一次産業の担い手が必要である。そして一次産業が飯を食っていけるようにするため、二次産業や三次産業が協力し、何より消費者である市民がそこに信頼を寄せられるように声をあげ、汗をかき始めることが大切だろう。

［引用文献］

独立行政法人 森林総合研究所 四国支所「マツとマツ枯れに関する質問と回答」
　　http://www.ffpri-skk.affrc.go.jp/shitumon.html
長井　敏（2000）播磨灘における有害大型珪藻 *Coscinodiscus wailesii* の大量発生機構とその予知．「有害・有毒赤潮の発生と予知・防除」（石田祐三郎・本城凡夫・福代康夫・今井一郎 編），日本水産資源保護協会，東京，pp.71-100.
農林水産省（2009）肥料及び肥料原料をめぐる事情
　　http://www.maff.go.jp/j/seisan/sien/sizai/s_hiryo/senryaku_kaigi/pdf/01_siryo3.pdf

おわりに

　本書は「貧栄養化」に起因すると思われる生態系の変化や漁業生産の不振について紹介した。もちろん我々は、「貧栄養化」だけがその原因と考えているわけではない。地球温暖化、干潟や藻場の減少、底質環境の劣化等々、環境と生物あるいは生物間の相互作用など、生態系という複雑系においては、様々な問題が絡み合っている。しかし、本書を読み終えれば、それらの中で、窒素やリンの人為的な流入負荷の削減が漁業生産不振の重要な原因の一つであることを認めざるを得ないであろう。

　生態系は複雑な食物連鎖でつながり、その一部だけを思い通りに制御することはそもそも不可能に近い。水質「だけ」を改善するつもりで、流入負荷の削減をしても、その影響は各所に及ぶ。そしてその影響は、私たち人間の暮らしに跳ね返ってくる。諏訪湖ではアオコは減ったがワカサギは捕れなくなった。水草は戻ったがそれはかつての沈水植物ではなく、人間にとって都合の悪いヒシだった。瀬戸内海では、海がきれいになってアマモ場が蘇りつつあるものの、ノリの生産量・品質の低下、漁業不振を招き、このまま放置すれば、漁業だけでなく、魚食文化自体が消失してしまいそうである。

　本書の執筆を進めた2014年には、瀬戸内海の漁業不振に危機感を抱く近畿・中国・四国地方の自民党国会議員でつくる「瀬戸内海再生議員連盟」が、「瀬戸内海環境保全特別措置法」の改正案をまとめ、国会に提出した。同年6月に参議院環境委員会、第186回参議院本会議にかけられたが、審議未了のまま、11月21日の衆議院解散により、法案は廃案となった。改正案は総選挙の際の自民党の公約に入っているので、2015年度には再度、国会に上程されるはずである。そうなってくれないと、このままでは困る。早期の審議と成立が望まれる。

　改正案の主旨は、これまでの「水質規制」から「生態系の保全・再生」への移行である。一言で言えば、「里海」（里山の海版のイメージ：自然環境とヒト

おわりに

との共生）としての取り組みであり、その中心的な事業として、生物の生息場・産卵の場である藻場や干潟の保全・造成が行われることになろう。

　しかしながらこれまで、藻場でどれだけの生物が生まれて漁業資源として加入するかなどの定量的な研究は十分とは言えず、干潟を造成したらその周りの生態系がどうなるかなどの予測研究も不十分である。また当然のことながら、これまでのように一律の水質規制ではなく、望まれる生態系の姿を水域ごとに設定することが必要になってくる。この大きな課題に対して、各自治体の環境・水産部署の関係者は頭を悩ませることになろう。

　なぜなら、水質規制をしてきれいさを求めることと漁業資源を豊かにすることはトレードオフの関係にあり、両立は簡単ではないからだ。自然環境とヒトとの共生というと聞こえは良いが、その実現は容易ではない。ヒトは自然生態系に対して、常に搾取する側になってしまいがちである。現実的には、食料生産と環境保全という二つの曲線の交点を探っていくことが今後の課題となろう。本書に「水清ければ魚棲まず」と過激な副題を付けたのも、そういう理由による。

　とはいえ、立ち止まっている余裕はない。各湾・灘ごとに協議会を設け、行政、住民、有識者など、様々なステークホルダーの参加による議論を経たうえで、水域ごとに具体的な対策を決めてゆかねばならない。その目標値の設定と達成のための手段には科学的根拠が強く望まれる。我々研究者ものんびりはしていられないが、対策を急ぐあまり、根拠の乏しい施策で突っ走るのではなく、順応的な取り組みを望みたい。

　　2015 年 1 月

　　　　　　　　　　　　　　　　　　　　　　　　　　山 本 民 次

事項索引

【あ】
アオコ（青粉） 1, 2, 11
青潮 177
赤潮 1, 48, 55, 60, 91, 149
あかはら 171
安芸灘 70, 71, 136
浅場 113
アマモ場 123, 134, 142
　　――面積 136, 140
アンモニア態窒素 153

【い】
イカナゴくぎ煮 164, 172
イクチ 179
活け越し 166
池干し 124
異体類 144
一次生産 43, 76, 79, 139
一級河川 69, 116
移動平均 80, 111
易分解性有機物 35
伊予灘 70, 71, 136

【う】
渦鞭毛藻 122
ウミタル類 88, 89
埋め立て 113, 137

【え】
栄養塩 65
栄養塩回帰 85
栄養塩環境 108
栄養塩濃度 95
栄養段階 117, 119
餌選択性指数 20
　　Chesson の―― 20, 21
　　ワカサギの―― 21
沿岸域 129
　　――の生態系サービス 129

鉛直混合 95, 174

【お】
欧州委員会 150
欧州連合 150
大阪湾 70, 71, 136
汚濁原因物質 4
汚濁負荷 33, 37, 125, 177

【か】
カイアシ類 88, 89, 172
かいぼり 124, 176
海面養殖 146
外来魚 47
化学的酸素要求量 6, 35, 55, 91
カタストロフ 131
カタストロフィックシフト 130, 131
ガラモ類 140
環境因子 45
環境基準値 6

【き】
紀伊水道 136, 146
急性遊泳阻害試験 52
強熱減量 9
漁獲効率 14
漁獲努力量 121
漁獲量 10, 42, 64, 74
　　琵琶湖の―― 42
　　ワカサギの―― 10
漁業生産量 63
　　瀬戸内海における―― 63

【く】
下りウナギ 167
グリーンカーボン 138
クロロフィル a 32, 50

群体 171

【け】
系外放流 5, 40
珪藻 50, 122, 154
下水処理場 4
下水道普及率 6, 38
嫌気分解 65, 84
現存量 12, 13, 50, 82
懸濁態有機物 38
懸濁物質 32, 50
原単位法 79

【こ】
好気分解 65, 84
交流型種 118
小型底びき網漁業 103
古代湖 31
古琵琶湖 31
コペポーダ類 171
固有種 31, 50
混獲型漁法 113

【さ】
再生産速度 64
在来魚 41
魚のゆりかご水田プロジェクト 42, 43
里海 126, 186

【し】
枝角類 88, 89, 172
鹿ノ瀬 93, 167
糸状体 173, 183
重回帰分析 45, 46
集水域 3, 99
　　諏訪湖の―― 3
　　琵琶湖の―― 29, 30
　　摩周湖の―― 3

事項索引

従属変数　45
終末処理場　4, 38
種交替　75
純生態系代謝量　79
純脱窒量　79
順応的管理　124
硝酸態窒素　153
植物プランクトン　1, 19, 50, 82, 88
　──現存量　50, 88, 154
　──組成　155
食物連鎖　82, 172
指令　150
人為的貧栄養化　66, 78
新子　105, 171

【す】
水質汚濁　1
水質汚濁防止法　55, 92
水質改善　48
水質指標　31
水質浄化　4, 18, 26, 134
周防灘　70, 71, 77, 136
ステークホルダー　146
ステップワイズ法　45, 46
ストック　74, 75, 79
諏訪湖　1, 3

【せ】
生産量　12, 13, 88
成層　2, 178
生態影響試験　52
生態系　9, 25, 85
　──のピラミッド　83
　──のレジームシフト　9, 11, 12
生態系構造　82, 145
生態系サービス　129
　アマモ場の──　134
生態系農業　180
生態効率　64, 122
生態農業　180
成長乱獲　112
生物化学的酸素要求量　31
生物多様性　129

生物多様性および生態系サービスに関する政府間科学政策プラットフォーム　130
生物濃縮　165
瀬枯れ　43
説明変数　45
瀬戸内海　55
瀬戸内海環境保全特別措置法　55, 85, 91, 124, 133, 170
瀬戸内海環境保全臨時措置法　91
瀬戸内海再生法（仮称）　57
浅海定線調査　97
全窒素　32, 55, 97
全窒素発生負荷量　100
全リン　32, 50, 55, 97

【そ】
総量規制　74
総量削減　72, 76, 92
底びき網漁業　151

【た】
代謝　80
ダイバージョン　40
太白ちりめん　171
大豊漁　161
多獲性魚　64, 110, 165
脱窒　80
脱窒法　170
ダム　78
ダム湖　64
ため池　124, 180, 182
多毛類　112, 144
炭素量　88

【ち】
窒素　4, 33, 50, 64, 74, 92
窒素固定　80
窒素負荷量　116
茅渟の海　184
調整サービス　137
　アマモ場の──　137
直立護岸　84, 185

沈水植物　16

【て】
底質改善　18
定住型種　118
底生生態系　130, 132, 144
底生漂泳カップリング　130
デトライタス　58

【と】
当歳魚　105
動物プランクトン　19, 43, 83, 88
　──現存量　88
透明度　2, 45, 59, 93
　諏訪湖の──　7
　瀬戸内海の──　59
　播磨灘の──　94
　琵琶湖の──　34
トップダウン　83

【な】
内湖　41
南湖　29
難分解性有機物　35

【に】
二級河川　69
二次生産量　48

【ね】
ネズッポ類　177
年間漁獲量　74
粘着鞘　51, 52

【の】
ノリ　102
　──生産枚数　104
　──の色落ち　101, 102, 163
　──の生活史　173
　──養殖　101, 162
　──養殖経営体数　104

【は】
バイオマス　82
白砂青松　169, 183
発生負荷量　55, 63
バリカン症　163
播磨灘　70, 71, 93, 94, 136
繁殖阻害試験　52

【ひ】
燧灘　70, 71, 136
干潟　113
ピコ植物プランクトン　54
備讃瀬戸　70, 71, 136
ヒステリシス　66, 67, 68, 122, 130, 131, 132, 156
ヒステリシス曲線　66, 67
漂泳生態系　130, 132, 144
標準活性汚泥法　5
広島湾　70, 71, 136
琵琶湖　29
琵琶湖基準水位　44
琵琶湖水位　44
琵琶湖疎水　31
貧栄養　58
貧栄養化　24, 58, 68, 116, 133, 179
　　瀬戸内海の——　62
貧栄養化問題　24, 161
備後芸予瀬戸　136
貧酸素水塊　115, 149, 177
貧酸素層　19

【ふ】
富栄養　58
富栄養化　1, 12, 24, 58, 68, 159
富栄養化防止対策　45, 48
富栄養化問題　48, 150
富栄養度　14
フェノロジー　132
船びき網漁業　103
プランクトン　65
　　——現存量　35
　　——沈殿量　34, 35
ブルーカーボン　137

ブルーカーボン・シンク　138
ブルーム　1
フロー　74, 75, 79
プロダクトアウト型　165, 185
文化サービス　142
　　アマモ場の——　142
豊後水道　136, 146

【へ】
平均栄養段階　117, 119
閉鎖性海域　72
ヘドロ　16, 85, 176, 179
ヘドロ化　17
ヘルゴラント島　153, 154
ベンシック—ペラジックカップリング　130
鞭毛藻　154

【ほ】
圃場整備　41, 42
捕食圧　19, 26
北海　149
ボックスモデル　79
北湖　29
ホトトギスベッド　179
ボトムアップ　83

【ま】
マーケットイン型　165, 185
マクロベントス　154
摩周湖　3
松枯れ　183

【み】
水清ければ魚棲まず　58
水の華　1
水枠組み指令　150

【め】
面源　37

【も】
モニタリング　77
　　——調査　35
　　——データ　70, 153

藻場　113, 114, 135

【ゆ】
有害汚染物質　178
有機汚泥　16, 176
有機態窒素　97
有機物含量　9
有機物濃度　31
有機物量　9, 55
　　——の指標　55
有光層　60
優占種　170
豊かな海　147, 176
ゆりかご機能　141

【よ】
葉状体　173
溶存酸素飽和度　115
溶存態ケイ素　95
溶存無機栄養塩　76
溶存無機態窒素　78, 92
溶存無機態リン　77, 78, 95
溶存有機態窒素　98
溶存有機態リン　122

【ら】
ラフィド藻　122
乱獲　75, 83, 112
藍藻　1, 2, 50

【り】
リービッヒの最少率　168
リオン湾　112
陸域負荷　72, 99
硫酸還元　84
粒状有機態窒素　98
流達率　69
流入負荷　63, 66
　　——削減　85
　　——量　36, 72
流量年表　69
緑藻　50
履歴効果　132
リン　4, 33, 50, 64, 92
臨界点　132

191

リン削減指導制度　91
リン酸カルシウム　76
リン酸態リン　76, 153
リン保持力　64

【る】
ルアーフィッシング　142

【れ】
レジーム　131
レジームシフト　9, 75, 130, 131
　　生態系の——　9, 11, 12

【ろ】
ロゼット　15
ロトカ・ボルテラモデル　82

【欧文】

Alternative stable states　131

Barcelona convention　150
Biochemical Oxygen Demand　31
Biwako Surface Level　44
BOD　31
B.S.L.　44

catastroph theory　131
catastrophic shift　131
Chemical Oxygen Demand　6, 35, 55, 91

Chesson's Index　20, 21
COD　6, 35, 55, 91
COD 総量削減制度　91
CPUE　113
cultural oligotrophication　66

DIN　92, 98
DIN 濃度　92, 95
DIN/DIP 比　96
DIP　76, 95
directive　150
Dissolved Inorganic Nitrogen　92
Dissolved Inorganic Phosphorus　76, 95
Dissolved Silica　95
DON　98
DOP　122
DSi　95
DSi/DIP 比　96

EC　150
EU　150
European Commission　150
European Union　150

HELCOM commission　150
hysterisis　66, 131
hysterisis curve　66

IPBES　130

ND　79
NEM　79, 80

Net Denitrification　79
Net Ecosystem Metabolism　79
Nitrate Directive　150

OSPAR commission　150
OSPAR/PARCOM 勧告　150

PCB 汚染　91, 178
Place Box　157
PON　98

regime shift　131

SS　31, 50
Suspended Solids　32

TG202　52
TG211　52
TN　32, 55, 75, 97
TN 流入負荷量　36
Total Nitrogen　55
Total Phosphorus　55
TP　32, 50, 55, 75, 97
TP 流入負荷量　37

Urban Waste Water Treatment Directive　150
UWWTD　150

Water Framework Directive　150

生物名索引

【ア】
アウラコセイラ 50, 52
アオリイカ 142
アカムシユスリカ 7, 8
アサクサノリ 174
アサリ 77, 133
アステリオネラ 54
アナゴ 162, 166
アナベナ 54
アファノテーケ 50, 52
アマモ 123, 137, 140

【イ】
イカナゴ 105, 110, 133, 151, 171, 172
——の漁獲量 111

【オ】
オオクチバス 41, 47
オオユスリカ 7

【カ】
カタクチイワシ 106, 133
カブトミジンコ 22

【キ】
キートケロス 170

【ク】
クンショウモ 50

【ケ】
ゲンゴロウブナ 41
ケンミジンコ 88

【コ】
コシノディスカス 170, 171
ゴンフォスフェリア 50, 52

【サ】
サワラ 133

【シ】
シャットネラ 91
シラス 105

【ス】
スケレトネマ 170
スサビノリ 174
スズキ 142
スタウラストルム 50, 52

【タ】
タイセイヨウタラ 151
タイセイヨウニシン 151
タイラギ 179
タチウオ 133
タモロコ 41

【ニ】
ニゴロブナ 41

【ノ】
ノロ 19, 20

【ハ】
ハマグリ 133
ハマチ 91

【ヒ】
ヒシ 15
ビワクンショウモ 52

【フ】
フォルミディウム 54
フナムシ 167
ブラックバス 41
ブリ 133

ブルーギル 41, 47
プレイス 151, 156
——の漁獲量 157

【ホ】
ホンモロコ 41

【マ】
マイワシ 106, 133, 161
マコガレイ 120, 144
マダイ 133

【ミ】
ミクロキスティス 1, 2, 52, 54

【メ】
メバル 142, 162

【ヤ】
ヤマトヒゲナガケンミジンコ 19, 20

【ユ】
ユーカンピア 170, 171
ユスリカ 7, 8

【ヨ】
ヨーロピアンプレイス 151, 152

【ワ】
ワカサギ 9, 19, 23
——の漁獲量 10
ワカメ 123

【欧文】
Aphanothece clathrata 52
Atlantic cod 151

生物名索引

Atlantic herring 151
Aulacoseira nipponica 52
Calanus sinicus 89
Coscinodiscus wailesii 103, 170, 171
Daphnia 属 23, 25
Daphnia galeata 22
Dolioletta sp. 89

Eucampia zodiacus 103, 170, 171
European plaice 151, 152
Gomphosphaeria lacustris 52
Microcystis 1, 2
Microcystis novacekii 52
Oncaea sp. 89

Paracalanus parvus 89
Pediastrum biwae 52
Penilia avirostris 89
Pleuronectes platessa 151, 152
sand eel 151
Staurastrum dorsidentiferum 52

執筆者一覧（執筆順、所属は執筆時）

■編著者

山本　民次（広島大学大学院生物圏科学研究科）：

　企画編集／はじめに／第3章／おわりに

花里　孝幸（信州大学山岳科学研究所）：企画編集／第1章

■著　者

大久保卓也（滋賀県琵琶湖環境科学研究センター）：第2章

一瀬　諭（滋賀県琵琶湖環境科学研究センター）：第2章のコラム

樽谷　賢治（水産総合研究センター西海区水産研究所）：第3章のコラム／第5章

反田　實（兵庫県立農林水産技術総合センター水産技術センター）：第4章

堀　正和（水産総合研究センター瀬戸内海区水産研究所）：第5章

児玉　真史（国際農林水産業研究センター）：第6章

鷲尾　圭司（水産大学校）：第7章

海と湖の貧栄養化問題
水清ければ魚棲まず

2015年3月31日　　初版第1刷

編著者　山本民次・花里孝幸
著　者　大久保卓也・一瀬　諭・樽谷賢治・反田　實
　　　　堀　正和・児玉真史・鷲尾圭司
発行者　上條　宰
印刷所　モリモト印刷
製本所　イマヰ製本

発行所　株式会社　地人書館
〒162-0835　東京都新宿区中町15
電話　03-3235-4422
FAX　03-3235-8984
郵便振替　00160-6-1532
e-mail　chijinshokan@nifty.com
URL　http://www.chijinshokan.co.jp/

©2015　　　　　　　　　　　　　　Printed in Japan.
ISBN978-4-8052-0885-4 C3045

JCOPY〈出版者著作権管理機構 委託出版物〉
本書の無断複製は、著作権法上での例外を除き禁じられています。複製される場合は、そのつど事前に、出版者著作権管理機構（電話 03-3513-6969、FAX 03-3513-6979、e-mail: info@jcopy.or.jp）の許諾を得てください。

●川・湖・海の本

ミジンコ先生の諏訪湖学
水質汚濁問題を克服した湖
花里孝幸 著
四六判／二三四頁／本体二〇〇〇円（税別）

国内の多くの湖の水質浄化が進まない中，諏訪湖の水質は近年顕著に改善した．水質改善に伴い諏訪湖の生態系も大きく変化し，その生態系の変化は人々の暮らしに影響を与え，新たな問題も生んだ．諏訪湖で起きた様々な現象は，今後国内各地の湖でも起こりうる．諏訪湖から，湖と人とのよりよい付き合い方が見えてくる．

ミジンコ先生の水環境ゼミ
生態学から環境問題を視る
花里孝幸 著
四六判／二七二頁／本体二〇〇〇円（税別）

ミジンコなどの小さなプランクトンたちを中心とした，生き物と生き物の間の食う-食われる関係や競争関係などの生物間相互作用を介して，水質など物理化学的環境が変化し，またそれが生き物に影響を及ぼし，水環境が作られる．こうした総合的な視点から，富栄養化や有害化学物質汚染などの水環境問題の解決法を探る．

海はめぐる
人と生命を支える海の科学
日本海洋学会 編
A5判／二三二頁／本体三二〇〇円（税別）

海洋学のエッセンスを1冊の本に凝縮．海の誕生，生物，地形，海流，循環，資源といった海洋学を学ぶうえで基礎となる知識だけでなく，観測手法や法律といった，実務レベルで必要な知識までカバーした．海洋学の初学者だけでなく，本分野に興味のある人すべてにおすすめします．日本海洋学会設立70周年記念出版．

川と湖を見る・知る・探る
陸水学入門
日本陸水学会 編／村上哲生・花里孝幸・吉岡崇仁・森和紀・小倉紀雄 監修
A5判／二〇四頁／本体二四〇〇円（税別）

前半は基礎編として川と湖の話を，後半は応用編として今日的な24のトピックスを紹介し，最後に日本の陸水学史を収録した陸水学の総合的な教科書．川については上流から河口までを下りながら，湖は季節を追いながら，それぞれ特徴的な環境と生物群集，観測・観察方法，生態系とその保全などについて平易に解説した．

●ご注文は全国の書店，あるいは直接小社まで

㈱地人書館 〒162-0835 東京都新宿区中町15　TEL 03-3235-4422　FAX 03-3235-8984
E-mail=chijinshokan@nifty.com　URL=http://www.chijinshokan.co.jp

●好評既刊

自然再生ハンドブック

日本生態学会 編
矢原徹一・松田裕之・竹門康弘・西廣淳 監修
B5判／二八〇頁／本体四〇〇〇円（税別）

自然再生事業とは何か．なぜ必要なのか．何を目標に，どんな計画に基づいて実施すればよいのか．生態学の立場から自然再生事業の理論と実際を総合的に解説．全国各地で行われている実施主体や規模が多様な自然再生事業の実例について成果と課題を検討する．市民，行政担当者，NGO，環境コンサルタント関係者必携の書．

鮭鱸鱈鮪 食べる魚の未来
最後に残った天然食料資源と養殖漁業への提言

ポール・グリーンバーグ 著／夏野徹也 訳
四六判／三五二頁／本体二四〇〇円（税別）

魚はいつまで食べられるのだろうか……？　漁業資源枯渇の時代に到り，資源保護と養殖の現状を知るべく著者は世界を駆け回り，そこで巨大産業の破壊的漁獲と戦う人や，さまざまな工夫と努力を重ねた養殖家たちにインタビューを試みた．単なる禁漁と養殖だけが，持続可能な魚資源のための解決策ではないと著者は言う．

外来魚のレシピ
捕って、さばいて、食ってみた

平坂寛 著
四六判／二二二頁／本体二〇〇〇円（税別）

やれ駆除だ，グロテスクだのと，嫌われものの外来魚．しかしたいていの外来魚は食用目的で入ってきたもの．ならば，つかまえて食ってみよう！　珍生物ハンター兼生物ライターの著者が，日本各地の外来魚を追い求め，捕ったらおろして，様々な調理法で試食する．人気サイト「デイリーポータルZ」の好評連載の単行本化．

ダム湖の中で起こること
ダム問題の議論のために

村上哲生 著
四六判／二〇八頁／本体一八〇〇円（税別）

今やダム事業からの撤退は世界的な潮流であるが，ダムの問題は，環境，地域，社会，経済など利害関係が複雑に絡み合い，大変難しい．そもそも，ダム，ダム湖とは何か？　ダム湖の中やその下流ではどんな現象が起こり，どのような環境影響があるのか？　ダムとこれからの社会をどうするか，本気で議論するための必読書．

●ご注文は全国の書店，あるいは直接小社まで

㈱地人書館　〒162-0835 東京都新宿区中町15　TEL 03-3235-4422　FAX 03-3235-8984
E-mail=chijinshokan@nifty.com　URL=http://www.chijinshokan.co.jp